健康快充卡哇醫

林于翔（阿毛醫師）
圖・文

重量級推薦

這本講醫學的漫畫書，

讓我想到講紅酒的神作《神之雫》。

—— 作家 侯文詠

世界需要寫論文的醫生，
也需要畫漫畫的醫生

　　醫學是為了促進健康而存在，好醫學必須足夠接地氣，才能讓人一看就懂，那些艱澀論文就讓專業人員去傷腦筋吧，你們看漫畫就好，笑著笑著就懂了！

　　在醫生的忙碌工作之餘，阿毛還有著不安分的創作靈魂，一直在思索如何創作一本兼具實用與趣味的醫學工具書，漫畫太多怕流於娛樂，知識太多又生硬難啃，反而都達不到衛教效果。摸索一陣子，打造出「一圖一觀念」的模式，在社群上獲得很好的迴響，就決定使用它了，而且要做就做 100 份！用全方位的內容，照顧各個族群的需求。

　　阿毛在小學課堂上，經常一面在課本畫重點一面找空白處塗鴉。現在已經有妻有女，見識過多少生死，做的卻還是同一件事「歸納重點，添加趣味」，原來我一直沒長大，還是那個在課本上塗鴉的男孩。

　　卡哇醫團隊會一直守護大家，也請大家一起守護我們！

—— 阿毛醫師

健康快充卡哇醫

目錄

心臟內科／心血管外科

胸腔內科／胸腔外科

胃腸肝膽科／一般外科

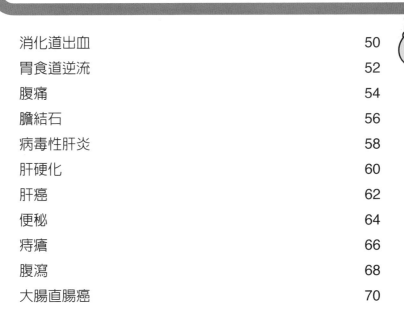

腎臟科／泌尿科

神經內科／神經外科／精神科

感染科

新陳代謝科

復健科／骨科

家醫科／其他科／藥劑科

五官科／婦產科

心臟內科
心血管外科

關於 胸痛 該知道的胸痛地圖
(Chest pain)

心臟、肺臟、胃部毛病都可能造成胸痛，嚴重性可大可小
胸痛胸悶時應坐下，觀察疼痛位置、時間、方式、伴隨症狀
3 分鐘後無緩解應即刻就醫，特別是三高、心臟或腎臟病患者
除非很確定沒事，勿自行服用止痛藥以免影響判斷

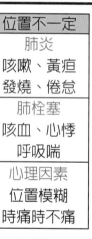

位置不一定
肺炎
咳嗽、黃疸
發燒、倦怠
肺栓塞
咳血、心悸
呼吸喘
心理因素
位置模糊
時痛時不痛

外側疼痛
氣胸、肋膜疾病
悶痛，位置模糊
帶狀皰疹
先刺痛，3 天後
出現紅疹及水泡

胸前疼痛	時間較長	時間較短
疼痛強烈	心肌梗塞 重壓感，冒冷汗 運動時發作	主動脈剝離 刀割或撕裂感 痛到背部
疼痛較輕	胃食道逆流 灼熱感 進食或躺下更明顯	神經肌肉痛 刺痛 有明顯壓痛點

「別等到 『胸口永遠的痛』，胸痛 3 分鐘就應該就醫！」

胸痛時該怎麼觀察？

發生胸痛，不要急著吞止痛藥或含救心錠，應坐下休息。從疼痛的「位置、時間、方式、伴隨症狀」等四方面，做初步的自我評估。

1. 位置：痛在胸前或外側？痛點明顯或模糊？
2. 時間：疼痛時間持續多久？
3. 方式：悶痛、刺痛或撕裂痛？
4. 伴隨症狀：冒冷汗、呼吸喘、有壓痛點、疼痛延伸至下巴或後背，發燒有痰、皮膚紅疹或水泡，由姿勢改變、運動或進食引發等。

這不是普通的包，
這是 AED ！

布農 DOC 田知學醫師

什麼情形應盡速送醫？

1. 觀察三分鐘，疼痛未緩解或更加嚴重。
2. 伴隨症狀：痛到背後（主動脈剝離）、冒冷汗（心肌梗塞）、呼吸困難（肺栓塞）、發燒有痰（肺炎）等情形。
3. 本身有三高、心臟病或腎臟病，為心血管事件和感染的高風險族群，也應積極送醫。

反過來說，有明顯壓痛點或姿勢改變相關（神經肌肉痛），進食後疼痛（胃食道逆流）等，情況可能沒那麼緊急，可以安排時間去相關科別檢查。

［建議科別］急診科、心臟內科

關於 心律不整 該知道的 5 件事
(Arrhythmia)

1. 基本觀念

正常心跳為每分鐘 60-100 下

心跳太慢、太快或不規則,皆稱作心律不整
可能是良性或藥物引起,也可能是疾病

若伴隨頭暈、胸悶或昏厥等,需立即就醫

2. 心搏過緩

心跳低於每分鐘 60 下

運動員的平靜心跳會較慢
可能藥物:降血壓藥

疾病:房室阻斷 (AVB)

3. 心搏過速

心跳高於每分鐘 100 下

運動、緊張或壓力會令心跳加速
可能藥物:氣喘藥物、鼻塞藥

疾病:陣發性心室上心搏過速 (PSVT)

4. 不規則跳動

輕微:心室或心房早期收縮、心房顫動 (Af)
致命:心室上心搏過速 (VT)、心室顫動 (Vf)

要做完整心電圖或 24 小時心電圖檢查

5. 治療方式

藥物治療
電燒治療
心臟節律器

「心頭小鹿亂撞？可能不是心動的感覺，而是心律不整！」

何謂心律不整？

右心房的「竇房結」扮演發電機的角色，產生電流經傳導系統傳至各心房及心室，收縮形成心跳。發電機或電線出了問題都會導致心律不整，大致上可分為太慢（< 60 下／分）、太快（> 100 下／分）和不規則三種類型。

什麼是生理性心跳太快／太慢？

人在運動或緊張時，心跳本來就會加速。大量運動的運動員，平時心跳會比較慢，以便在比賽時增加心輸出量。

所以，並非心跳太快或太慢就一定有問題，若沒有不舒服症狀（頭暈、疲倦、胸痛、呼吸喘等），不見得需要就醫。

有哪些病理性的心律不整？

「房室阻斷」、「心房顫動」、「心室性心搏過速」等狀況，得配合醫師指示用藥。狀況嚴重者需裝心臟節律器，俗稱「心臟電池」，有的得接受電燒治療，截斷不正常的電路。

心律不整患者平時不宜過餓或過飽，保持大便通暢，活動不過於劇烈，方能常保心安。

[建議科別] 心臟內科

關於 肺栓塞 該知道的 3 件事
(Pulmonary embolism)

1. 疾病介紹

肺動脈發生阻塞，肺部組織缺氧壞死

最常見為血栓，次為空氣、羊水或脂肪

症狀：胸痛、呼吸困難、咳嗽、咳血
心跳加速、發紺、低血壓

壞死

血栓

2. 風險因子

深靜脈血栓：最主要危險因子

久坐不動：來自下肢的血栓造成肺栓塞
（又名經濟艙症候群）
→ 搭飛機或長途火車應定時起身活動

未治癒的癌症、長期臥床、外科手術後
→ 手術後應盡早下床活動

3. 檢查 & 治療

胸部 X 光、心電圖
電腦斷層
肺血液灌流
D-Dimer 血栓指數
肺動脈血管攝影

抗凝血劑
肝素 / 低分子量肝素
血栓溶解劑
超音波溶栓導管術
下腔靜脈過濾器

「流動的水不會腐敗，流動的血才不會栓塞。」

什麼是肺栓塞？

「肺動脈栓塞」簡稱「肺栓塞」，血栓大多來自下肢深層靜脈。
若患者長時間維持一個姿勢不動，血液滯留在下肢，就容易引起
靜脈血栓。運氣好的，血栓會自行分解，運氣差的，血栓順著血
流回到右心房、右心室，再打入肺動脈，發生阻塞令肺部組織壞
死。

肺栓塞為何嚴重？

肺部的通氣和血液灌流比例惡化，將導致呼吸衰竭。若阻塞嚴
重，令右心室後負荷增加，引發心臟衰竭，若未及時處置，死亡
率高達三成。

> 腦血管塞住叫中風，
> 心臟血管塞住會心肌梗塞，
> 肺部血管塞住就叫肺栓塞。

> 血管被塞住的病常常是瞬間發生，
> 死亡風險很高，後遺症也很多。
> 好好保養心血管吧！
> 戒煙、減重、多喝水、多運動，
> 有三高的人好好控制，才是活得
> 健康長久的不二法門！

小實醫師
〈急診女醫師其實.〉版主

肺栓塞有哪些風險因子？

好發下肢深靜脈血栓的族群就容易發生肺栓塞，包括之前曾有過
血栓病史、長期臥床、外科手術後、癌症、肥胖、吸菸或口服避
孕藥。「經濟艙症候群」也是肺栓塞的一種，所以搭長途飛機不
要不好意思走動，定時離座為保命之道。

[建議科別]急診科、心臟內科、心血管外科

關於 心肌梗塞 該知道的 4 件事
(Myocardial infarction)

1. 名詞介紹

心臟的氧氣由 3 條冠狀動脈供應

心絞痛症狀：冠狀動脈慢性狹窄 → 心肌缺氧

心肌梗塞：冠狀動脈急性阻塞 → 心肌壞死

2. 風險族群

家族病史

男性、肥胖

三高、腎病

抽菸、壓力

3. 症狀描述

胸部悶痛（重壓感）、呼吸喘、冷汗、嘔吐

可能延伸至左肩、頸部、下巴、胃痛

走動時症狀加劇，休息之後會緩解

4. 治療方式

內科藥物：肝素（抗凝血劑）、抗血小板藥

降血脂藥、乙型阻斷劑、ACEI/ARB 降壓藥

心導管：氣球擴張術、放置支架

冠狀動脈繞道手術

「心中過不去的不是坎，而是塞住的冠狀動脈！」

心肌梗塞是什麼？

心臟本身所需的血液由三條冠狀動脈供給，其中任何一條阻塞，就是「冠狀動脈疾病」，一旦血栓漂過來或粥樣硬化斑塊破裂，令血管發生了阻塞，就是「心肌梗塞」。

心肌梗塞有什麼典型症狀？

主要為胸悶胸痛，胸口像石頭壓住一樣，伴隨呼吸困難，疼痛可延伸至左肩、上背部、頸部或下巴，也可能會冒冷汗、嘔吐，嚴重時會休克。

心肌梗塞有哪些類型？

心肌梗塞依心電圖波形可分為「非 ST 段上升」、「ST 段上升」兩種，前者可先內科治療，住院後再決定是否做心導管。後者較為嚴重，需緊急接受心導管治療。

胸痛時可以先含「救心錠」嗎？

有心臟病史的患者，通常會在家中準備硝化甘油舌下錠（又名耐絞寧、救心錠），胸悶胸痛可以先含一顆，平躺休息。若胸痛未緩解，或緩解一陣子又痛起來，相隔 5 分鐘可含第二顆救心，並建議前往急診，再觀察下去會有危險。

含第七顆救心了……怎麼還是不舒服？

阿伯這不是糖果欸……

需要含第二顆就應該送醫了啦！

［建議科別］
急診科、心臟內科、心臟外科

關於 主動脈剝離 該知道的 4 件事
(Aortic dissection)

1. 撕裂性劇痛

主動脈血管壁破裂，血流進假腔（夾層）
原本好好的突然撕裂性胸痛，死亡率極高

2. 缺血症狀

腦缺血：昏迷、中風
腸缺血：肚子痛
腎缺血：腰痛、尿少
手缺血：單側脈搏微弱
腳缺血：突發下肢癱瘓

3. 危險因子

高血壓沒控制
動脈粥狀硬化
吸菸、高齡
家族病史
先天性疾病

**4. 兩種分型
的治療方式**

甲型（Type A）
涉及升主動脈
需立刻手術

乙型（Type B）
僅降主動脈
ICU 觀察 / 支架治療

甲型主動脈剝離
須採傳統開胸手術,若不及時手術,
兩週內死亡率高達 75%。

乙型可用「微創主動脈支架手術」,
手術成功率超過九成,
風險比傳統手術低!

俠醫楊智鈞 心臟外科／開心專家

「主動脈剝離的撕裂性胸痛,真的是心如刀割。」

為何會發生主動脈剝離?
主動脈內壁破了個小洞,受血流衝擊越來越大,形成假腔(血管壁外的夾層)。患者會在短短幾秒內,從一切正常突然演變為此生從未經歷的胸痛,從前胸痛至頸部或後背。

除了胸痛以外還有哪些症狀?
視假腔延伸的範圍,阻礙不同血管,可能發生各種併發症,由上而下包括腦中風、急性心衰竭、腸壞死、急性腎衰竭、肢體缺血等,表現症狀分別為昏迷、單側肢體無力、腹痛或腰痛等。

哪些人屬於高危險群?
1. 高血壓:尤其是血壓特別高、患病多年或未妥善控制。
2. 動脈粥狀硬化:高血壓、吸菸、糖尿病和高血脂患者。
3. 遺傳性結締組織疾病:如馬凡氏症。
4. 好發年紀:介於 55-65 歲。

[建議科別] 急診科、心血管外科

關於 心臟衰竭 該知道的 3 件事
(Heart failure)

心臟功能受損，往前無法輸出足量血液滿足身體所需
往後回流不暢，令水分淤積在肺部、肝臟或四肢

1. 常見症狀

端坐呼吸：平躺時呼吸困難，坐起時緩解
陣發性夜間呼吸困難：夜裡呼吸費力驚醒
四肢水腫、肺水腫、肝腫大：
疲倦、焦慮不安、食慾減退

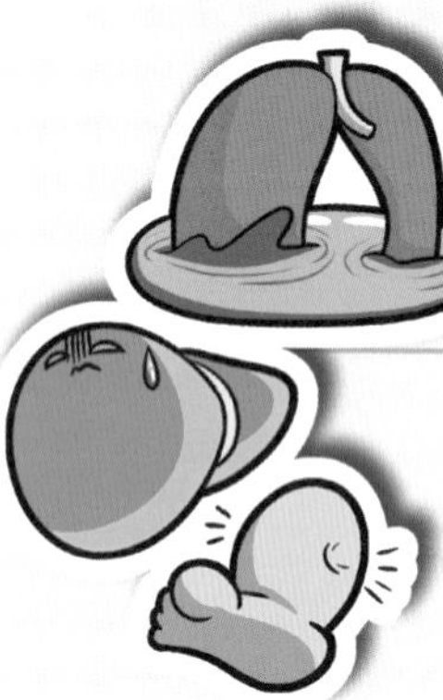

2. 生活調整

氧氣治療
每日喝水少於 1.5 升
減少刺激食物及咖啡因
每日吃鹽少於 3 公克（鈉 1.2 公克）
控制三高、維持理想體重、戒菸

3. 治療方式

口服藥物

特殊疾病治療
冠狀動脈疾病 → 心導管治療
心臟瓣膜疾病 → 瓣膜置換手術
左束分支傳導阻斷 → 心臟同步化治療節律器

近年來年輕族群心臟衰竭的比例增加不少！治療心臟衰竭就像慢性疾病一樣，要有長期抗戰的心理準備。

經過適當的治療，定期回診吃藥，配合醫護就能幫你挽回無力的心！

林婷護理師
〈林婷一下吧 icu 護理師〉版主

「心～累了嗎？也許不是單純疲勞，而是心臟生病了！」

什麼是心臟衰竭？

心臟衰竭又名「鬱血性心衰竭」，俗稱「心臟無力」，心臟無法打出足夠血液量，產生的一連串症狀如呼吸困難、運動耐受度下降、疲倦、焦慮、肝腫大或四肢水腫的情形。

許多心臟疾病都可能引發心臟衰竭，常見如缺血性心臟病、心肌病變、瓣膜疾病、高血壓或先天性心臟病等。

心臟衰竭引起的呼吸困難有什麼特色？

「運動時呼吸困難」：一運動就氣喘吁吁。

「端坐呼吸」：平躺時喘不過氣，需要坐起身或墊高枕頭。

「陣發性夜間呼吸困難」：睡到半夜突然喘得厲害、劇烈咳嗽。

心臟衰竭患者應如何保養？

遠離心臟衰竭，從減鹽、限水、避免刺激性食物及戒菸做起！配合醫師指示用藥，針對不同病因做個別化治療。

[建議科別] 心臟內科

關於 貧血 該知道的 3 件事
(Anemia)

1. 貧血定義　男性及停經後女性：Hb < 13g/dL
　　　　　　　　停經前女性：Hb < 12g/dL

2. 貧血症狀　頭暈、疲勞、會喘、手腳冰冷、心悸、蒼白

3. 貧血原因 & 處理方式

出血性貧血：外傷失血 月經過多、胃腸出血	盡快止血 補充鐵質
缺鐵性貧血：慢性失血 導致鐵含量不足	補充含鐵食物 口服或注射鐵劑
營養不良：長期偏食 酗酒、素食、胃切除	補充葉酸：蔬菜 維生素 B12：肉類
海洋性貧血：為遺傳性 又名地中海型貧血	必要時輸血治療
慢性疾病：慢性腎臟病 癌症、慢性發炎狀態	移除病因 注射血球生成素

「常莫名疲倦、頭暈、又容易喘嗎？當心是貧血不自知！」

為何貧血容易被忽略？

外傷或急性出血較容易察覺，若是慢慢失血或缺乏營養素而造成貧血，由於身體有適應力，往往不會立即感到不舒服，等撐不住就醫的時候，貧血通常已經很嚴重了。

預防貧血應多吃哪些食物？

六大類飲食均衡，加強下列三種營養素（都可以用保健食品或直接吃藥補充）。

1. 鐵質：紅肉（牛、羊、豬）、內臟、血製品（豬血、米血、鴨血）、深色蔬果如菠菜、木耳、櫻桃等。
2. 葉酸（維生素B9）：許多蔬菜水果都有葉酸，尤其是深色蔬菜。酗酒者特別容易缺乏葉酸。
3. 維生素B12：肉類、內臟、蛤蜊、紫菜。接受胃次全切除手術、素食者、偏食者容易缺乏維生素B12。

身體有哪些出血警訊？

大便顏色帶紅色或黑色，刷牙時牙齦出血，傷口流血不止，身體不明瘀青，月經量多或經期長等，若有警訊應盡速就醫！

誠心感謝那些挽袖捐血的人！

護護感覺好多了～

[建議科別] 一般內科、血液腫瘤科

關於 心肺復甦術 該知道的 4 件事
(Cardiopulmonary resuscitation, CPR)

1. 心跳停止後

心跳休止 4 分鐘：腦部受損
休止 8 分鐘：高機率腦死
休止 10 分鐘以上：救護車趕到

旁觀者 CPR 是關鍵

2. CPR 口訣
（叫叫壓電）

叫患者 / 叫 119 / 壓胸 / 電 AED

3. 壓胸怎麼壓

用力壓：深度 > 5 公分
快快壓：每分鐘 > 100 下
胸回彈：胸部完全回彈
莫中斷：不中斷 > 10 秒

兩乳中線　　　手肘打直

4. AED 口訣
（開貼插電）

開啟電源　　　　　　　貼上貼片

插入電線　　　　　　　電擊按鈕

無須證照，救人免責　（緊急醫療救護法第 14-2 條）

急救重要觀念：
1. 確認環境安全
2. 及早找人撥打 119 叫救護車
3. 腦部缺氧 4-6 分鐘即可能腦死
4. 心臟停止都應立即接受壓胸
5. 高品質 CPR
6. 盡早 AED 使用
(AED：自動體外心臟去顫器)

白永嘉醫師
〈急診醫師的眼睛〉版主

「台灣在 3 年內靠 CPR 救回的人數 —— 1 萬 3 千條人命！」

心肺復甦術 CPR 為什麼重要？
從心跳休止的那一刻起，腦部缺少血流氧氣，生命沙漏就開始倒數計時，4 分鐘過後腦部開始受損，8 分鐘後腦死機率越來越高，等救護車哦～哦～趕到，救護人員接手才開始急救，多半在 10 分鐘以上……因此「旁觀者 CPR」至關重要！

學了 CPR 幫陌生人施救，會不會惹麻煩上身？
只要肯做，人人都有機會當別人生命中的英雄！不敢幫陌生人施救還情有可原，但萬一今天倒在眼前的是自己的親友呢？
急救免責法條〈緊急醫療救護法第 14-2 條〉：「救護人員以外之人，為免除他人生命之急迫危險，使用緊急救護設備或施予急救措施者，適用民法、刑法緊急避難免責之規定。」

生存之鏈 2020 版
即早辨識 / 緊急求救 / 高品質 CPR / 去顫 / 復甦後照護 / 復原

[建議科別] 急診科

卡哇醫團隊成員

阿憨醫生

善良的內科醫生，獻身忙碌的醫療工作
對醫學的執著近乎傻氣

最愛的事：寵壞老婆

專業：♣♣♣♣♣

親切：♣♣♣

創意：♣

小花

阿憨的老婆
在醫院擔任行政職

胸腔內科
胸腔外科

關於 呼吸困難 該知道的 3 件事
(Shortness of breath)

呼吸困難或呼吸喘皆為患者主觀的描述
指氧氣不足或呼吸費力的感覺，若有危險徵兆需立即就醫

1. 病因分類

肺部疾病：肺炎、慢性阻塞性肺病
氣胸、氣喘、異物哽塞

心臟疾病：心肌梗塞、心臟衰竭
心因性肺水腫、心包膜積液

血流量不足：嚴重貧血、急性出血、休克

全身性疾病：敗血症、甲狀腺亢進
糖尿病酮酸血症

心理因素：焦慮、換氣過度、詐病

2. 危險徵兆

胸痛、壓迫感、冷汗

濃痰、高燒、畏寒

曾有下肢靜脈栓塞

血氧濃度 < 90%

呼吸有喘鳴聲

呼，呼……
我沒事……

3. 常用檢查

胸部 X 光
心電圖
血液學檢查
肺功能檢查
電腦斷層

欸不是！你
看起來明明
就不對勁！

「發生呼吸困難的背後，多的是你不知道的事！」

什麼是呼吸困難？

「呼吸困難」、「呼吸不順」、「呼吸喘」等，都不算是精確的醫學用語，而是患者主觀的感受，只要自覺吸不到空氣，或呼吸比平時更費力，皆可稱為呼吸困難。

人體有適應能力，初上高山者會因為氧氣稀薄而產生高山症狀，山上住民卻習以為常。同樣的道理，急性大失血會造成呼吸困難，慢性貧血卻不易察覺，直到貧血程度超過身體能承受的閾值，才像壓垮駱駝的稻草一樣，突然感覺不適。因此，新發生的呼吸困難不容忽視，一定要盡快查出背後的原因。

有哪些原因會造成呼吸困難？

呼吸困難的病因大致可分為幾類：肺部疾病、心臟疾病、全身性疾病、精神性因素等。根據伴隨症狀不同，會需要不同科醫師的介入處理。

[建議科別] 急診科、胸腔內科、心臟內科

關於 氣胸 該知道的 3 件事
(Pneumothorax)

空氣不正常地進入肋膜腔，造成了肺部塌陷
常見症狀包括胸痛、咳嗽、呼吸喘、心跳加速

1.發生原因

自發性氣胸：
好發於 20-40 歲的高瘦男性、吸菸者

續發性氣胸：因其他肺部疾病引起
如慢性阻塞性肺病、肺炎、肺癌等

外傷性氣胸：車禍或外力撞擊到胸部

醫源性氣胸：醫療行為造成
如肋膜積液抽取、上腔靜脈導管置入術

2.張力性氣胸

肋膜腔壓力過大，壓迫心臟及對側肺臟
會呼吸衰竭、休克甚至死亡
緊急時需做針刺減壓術

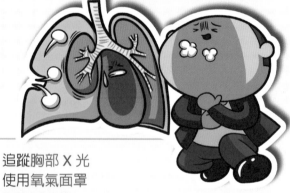

3.治療方式

追蹤胸部 X 光
使用氧氣面罩
胸管引流術
肋膜沾黏術（物理性或化學性）
手術治療（用於反覆氣胸患者）

氣胸是因為空氣進入肋膜腔（大部分因為肺部破裂），造成肺塌陷而影響肺通氣。

嚴重會造成血氧及血壓下降，甚至是死亡，不可輕忽！

ICU 醫生陳志金

超人氣粉專／暢銷作家

「氣胸就是醫龍用原子筆桿朝胸口戳下去的疾病。」

日劇《醫龍》紅過半邊天，其中有一幕，一位民眾呼吸困難倒在路邊，醫龍發現患者雙側肺部呼吸音不對稱，診斷為張力性氣胸。手邊沒有工具的他，機智地用原子筆桿戳進患者鎖骨下方，釋放出肋膜腔的氣體，患者立刻脫離險境。
這一幕太令人津津樂道，以致於每次談起氣胸，都要說是「用原子筆桿戳下去」的那個病。

氣胸都會那麼嚴重嗎？
倒不是，大部分的氣胸是輕度的，不會危及性命，只要使用高濃度氧氣就會慢慢自行痊癒。
但也有嚴重的型態「壓力性氣胸」，當肋膜充進大量空氣，壓迫到心臟及對側肺臟，可能會有生命危險。

真的會用工具穿刺胸口嗎？
現實中確實有「針刺減壓術」，但應該使用無菌針頭，且僅限於沒辦法放置胸管的緊急情形（也許是器材或技術不足），不可能拿原子筆桿啦！

[建議科別] 胸腔內科、胸腔外科

關於 慢性咳嗽 該知道的 3 件事
(Chronic cough)

咳嗽是清除痰的身體保護機制，咳三周以上即為慢性咳嗽
常見原因包括鼻涕倒流、胃食道逆流和氣喘

1. 鼻涕倒流

鼻水從鼻腔流至喉嚨，造成慢性刺激
如過敏性鼻炎、慢性鼻炎或鼻竇炎

治療：抗組織胺或類固醇鼻噴劑

我一直咳嗽…這次感冒怎麼拖這麼久？

要當心，可能不是感冒喔！

2. 胃食道逆流

若沒有伴隨典型的火燒心或胃痛感
只表現咳嗽症狀，很容易被忽略

診斷：胃鏡檢查
治療：減少刺激食物、飯後不平躺、潰瘍藥

3. 氣喘

觀察有無氣喘較典型的症狀
包括胸悶、喉嚨緊縮、呼吸咻咻作響
可能有季節性，天氣寒冷時發作

診斷：肺功能檢查
治療：吸入性類固醇及支氣管擴張劑

「別再把慢性咳嗽看成感冒，選對治療方式早就好了！」

人為什麼會咳嗽？
咳嗽是呼吸道的自我保護機制，清除呼吸道的痰、分泌物與異物。若咳嗽不嚴重，可服用化痰藥或加強拍背，一般不需服用強力止咳藥物，以維持痰的排出。
普通感冒引起的咳嗽，通常一兩周就會好轉，慢性咳嗽定義是咳嗽超過三周以上，要想別的病因。

哪些病因會導致慢性咳嗽？
1. 最常見病因：鼻涕倒流、胃食道逆流、氣喘
2. 次常見病因：黴漿菌肺炎、慢性支氣管炎、支氣管擴張症
3. 少見但嚴重的病因：肺癌、肺結核

慢性咳嗽該看哪一科醫生？
鼻塞或鼻水（鼻涕倒流）→ 耳鼻喉科

火燒心（胃食道逆流）→ 胃腸肝膽科

受冷空氣誘發（氣喘）、精神佳但劇咳不止（黴漿菌肺炎）
抽菸者（慢性支氣管炎）、咳血（支氣管擴張症）
胸痛或體重減輕（肺癌）、疲倦及微燒（肺結核）→ 胸腔內科

[建議科別] 胸腔內科、耳鼻喉科、一般內科

關於 肺炎 該知道的 4 件事
(Pneumonia)

1. 肺炎種類

細菌性肺炎：常次發於上呼吸道感染
（社區型肺炎最常見為肺炎鏈球菌）

病毒性肺炎：如新冠肺炎或 SARS

吸入性肺炎：食物、嘔吐物或化學物質

2. 風險族群

老人、酗酒者、抽煙、長期臥床
吞嚥或咳嗽功能不佳

3. 常見症狀

輕微感染：發燒、咳嗽、痰多、呼吸喘
嚴重感染：膿胸、肺膿瘍、敗血症、休克

4. 預防 & 治療

預防：
肺炎鏈球菌疫苗、流感疫苗、新冠疫苗

治療：
抗生素、氣管擴張劑、氧氣
化痰劑、深呼吸、拍背、抽痰

「新冠肺炎只是肺炎的其中一種，已讓世界雞飛狗跳。」

世界關注新冠肺炎的同時，也不能忽視死亡率不亞於新冠肺炎的「社區型肺炎」。儘管抗生素和疫苗進步，肺炎的存活率已有改善，但在開發中國家、年長者與慢性病患者，肺炎依然是主要死因之一。

哪些病菌容易引起肺炎？

最常見引起肺炎的菌種是肺炎鏈球菌，所以治療肺炎時，一定會選用能對抗它的抗生素。肺炎鏈球菌疫苗（13 價或 23 價）建議所有慢性病患者或長者積極施打，以增加保護力，被感染也較不會形成重症。

除了社區型肺炎之外，還有哪些肺炎種類？

長照機構住民、透析患者、頻繁出入醫療院所，這些人的肺炎會被歸為「健康照護相關肺炎」，需考量特殊菌種。

「吸入性肺炎」顧名思義，就是嗆入食物或異物而造成肺炎，口腔是帶有複雜菌種的環境，在免疫力不佳的患者或老人，嗆入開水也能導致肺炎，而且致死率不低，吞嚥或咳嗽功能不佳者一定要改善，減少嗆到的機會。

[建議科別] 胸腔內科、感染科

關於 菸害 該知道的 2 件事
(Smoking)

1. 菸害種類

一手菸：
含尼古丁、焦油、亞硝胺等近百種致癌物
增加心血管疾病及癌症，平均減壽 5-10 年

二手菸：
暴露在二手菸環境
會增加氣喘、心血管疾病、肺癌等機率

三手菸：
菸品產生的毒物微粒，附著於環境表面
可能造成嬰幼兒認知能力缺陷

電子菸：
有毒物質與傳統菸不同，但同樣具成癮性
增加心血管疾病及氣道發炎，不能用來戒菸

2. 戒菸方式

自我克制：深呼吸 15 次再慢慢吐出
喝杯冷水、去刷個牙或洗把臉
伸展四肢或原地跳躍 15 次

輔助藥物（戒菸門診每年都有補助）
口服藥、口含錠、咀嚼錠、吸入劑、貼片等

「只要把菸給戒了，就能每年更換最新的旗艦手機！」

鼓勵戒菸，從健康的角度切入有用嗎？

吸菸者難道不知道吸菸會傷身嗎？事實上。他們比任何人都清楚吸菸對身體的危害。就算補充一些事實：「吸菸會令肺癌、慢性阻塞性肺病、心血管事件上升，平均減壽 5-10 年。」、「吸菸危害的不只本人，二手菸危害家人，三手菸危害嬰幼兒。」助人戒菸的效果也許有一點，但仍嫌不足。

喂你！禱告的時候不能抽菸喔！

喔……

那我抽菸的時候，可以順便禱告嗎？

！？

戒菸如何省荷包？

近年來菸價調漲，很多菸品單包超過一百元，用每天一包菸平均單價 105 元來計算，一整年下來就是 38,300 元，拿去買最新款手機還有找！還沒計算因損害健康在醫療上的花費。

用省錢來鼓勵戒菸有用嗎？

有的！世界衛生組織研究：提高菸稅、菸捐及菸價，是促使戒菸的最有效政策。每次調漲菸價的隔年，戒菸門診就會有顯著成長。但台灣的菸價是已開發國家中最便宜的，也難怪宣導戒菸總是成效有限！

[建議科別] 胸腔內科、戒菸門診

胸腔內科 胸腔外科

慢性阻塞性肺病 該懂的 4 件事
(Chronic Obstructive Pulmonary Disease, COPD)

1 . 疾病介紹

呼吸道長期發炎而阻塞
分為肺氣腫及慢性支氣管炎兩種型態
40 歲以上，每六人便有一位

早期症狀難辨，常被輕忽

2 . 症狀 & 診斷

症狀：
慢性咳嗽、長期有痰
漸進式呼吸困難

診斷：
肺功能檢查

3 . 危險因子

吸菸／二手菸
男性為女性 3 倍
粉塵或化學煙霧
空氣汙染
家族病史
高齡

4 . 治療方式

治療目標：症狀控制及預防急性發作

支氣管擴張劑、類固醇
皆有吸入劑型或口服藥物

戒菸、肺部復健

「COPD 發作時，就像含著一根珍奶吸管來呼吸！」

慢性阻塞性肺病會有什麼症狀？

COPD 的主要症狀是咳嗽、咳痰以及呼吸困難。

早期症狀難辨，往往被民眾或醫生忽略，因此錯失了最佳診斷與治療時機。當疾病進行到末期，生活品質極差，患者整天和呼吸奮戰，十分痛苦。

如何安排檢查？

COPD 除了做身體檢查和胸部 X 光，主要靠肺功能檢查（又名肺量計）來確定診斷和嚴重度。「用力呼氣一秒量」在不吸菸者每年會減少約 30 毫升，而吸菸者每年會減少 150 毫升，若用力呼氣一秒量持續降低，便可能患上了 COPD。

COPD 晚期，一動就喘與呼吸困難，
容易併發肺癌與呼吸衰竭。
抽菸是 COPD 的最大風險因子，
早期戒菸（含電子煙）可以避免變成
COPD，戒菸永遠不嫌晚。

胸腔重症 蘇一峰醫師

如何防止慢性阻塞性肺病上身？

吸菸是 COPD 最主要的危險因子，還有職業接觸粉塵或煙霧、環境空汙等。戒菸何時都不嫌晚，就算無法令已經變狹窄的氣管恢復原狀，但至少不會繼續惡化！

若有長期難控制的「咳、痰、喘」，務必至胸腔內科接受檢查，才能早期發現疾病並接受治療。

［建議科別］胸腔內科

關於 肺癌 該知道的 3 件事
(Lung cancer)

肺癌佔十大癌症死因第一位、發生率第二位

1. 腫瘤型態

肺腺癌 (70%)：好發於女性及非吸菸者
較常出現基因突變，可用標靶藥物治療

鱗狀細胞癌：與吸菸有關，以男性為主

小細胞肺癌：診斷時常已遠端轉移

咳
咳

我又不吸菸…
不會得肺癌啦！

大多數肺癌沒有
症狀，不吸菸者
一樣有風險！

2. 肺癌症狀

早期：沒有症狀

中晚期：胸痛、骨頭痛、咳血絲、慢性咳嗽
聲音沙啞、呼吸喘、體重減輕

3. 預防 & 治療

戒菸 / 二手菸、遠離致癌環境或空氣汙染

肺部低劑量電腦斷層：偵測早期病灶
有風險者可與胸腔內科醫師討論，需自費

早期病例：手術切除有機會完全治癒
晚期病例：化學、放射、標靶、免疫療法等

「肺癌帶走了我的外公，也讓我認識外公最溫柔的一面。」

阿毛的外公一向硬朗身體，不曾抽菸。因食慾減退就醫，赫然診斷為肺腺癌第四期併多處器官轉移，肺癌就是如此狡猾，完全沒有呼吸道症狀，一發現卻已是末期。他走的那一天選在周日清晨，不麻煩兒孫請假奔波，走得那麼溫柔……

肺癌早期幾乎沒有症狀，胸部 X 光片也看不出來，提醒您要定期用低劑量電腦斷層來檢測自己的肺部健康喔。

肺癌的死亡率很高，唯有早期診斷早期治療，才能有效控制疾病及增加存活率！

胸腔外科
陳百璽醫師

肺癌有哪些種類？
依發生位置區分，可能在氣管、支氣管或肺葉。依病理學型態，有肺腺癌 (70%)、鱗狀細胞癌和小細胞肺癌等。

肺癌的風險因子有哪些？
吸菸是首要的風險（為非吸菸者的 20 倍）。
非吸菸者的風險因子包括二手菸暴露，肺癌家族病史，職業環境有石綿或砷，曾患肺結核或慢性阻塞性肺病等。

肺癌治療的關鍵所在？
早期肺癌預後良好，接受手術切除有機會完全治癒，關鍵在於如何偵測早期病灶。肺部低劑量電腦斷層（自費）是對抗肺癌的利器，相較於 X 光，對小於一公分的肺部結節具有高敏感性，可以和醫師討論，是否需要安排此項檢查。

[建議科別] 胸腔內科、胸腔外科、血液腫瘤科

卡哇醫團隊成員

護護

熱愛護理工作更熱愛生命的平凡小護理師
缺少不只一根筋

最愛的事：幫助他人

專業：♥♥♥

親切：♥♥♥♥♥

創意：♥♥

胃腸肝膽科
一般外科

關於 消化道出血 該知道的 4 件事
(Gastrointestinal bleeding)

1.出血症狀

上消化道：食道、胃、十二指腸
　　　　　吐咖啡色物、吐血塊、解黑便

下消化道：小腸、大腸、直腸、肛門
　　　　　血便、貧血症狀

胃腸出血不一定會胃痛
微量出血肉眼不可見，需做糞便潛血確認

2.風險族群

消炎止痛藥 (NSAID)
抗血小板或抗凝血藥

幽門螺旋桿菌感染
酗酒、熬夜、壓力
肝硬化、凝血異常

3.預防之道

避免辛辣食物、咖啡、濃茶、碳酸飲料
避免暴飲暴食或長時間空腹
紓解生活壓力、戒菸、戒酒

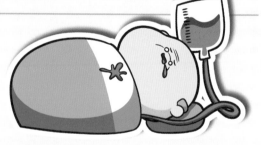

4.治療方式

急性出血：輸液或輸血以穩定生命徵象
診斷及治療：胃鏡、大腸鏡、血管攝影
藥物：氫離子幫浦阻斷劑、靜脈曲張藥物

哇啊啊～！
蕃茄醬怎麼
擠成這樣？

「人怒急攻心時會噴一口鮮血，那就是上消化道出血。」

有哪些消化道出血疾病？會有什麼症狀？
上消化道出血：咖啡色嘔吐物、吐血塊、解黑便、貧血
1. 食道：食道靜脈瘤、食道撕裂（酒後嘔吐）、胃食道逆流
2. 胃：胃發炎、胃潰瘍、胃穿孔
3. 十二指腸：十二指腸潰瘍

下消化道出血：血便、貧血
1. 小腸、大腸、直腸：大腸憩室、血管變異、急性感染性腸炎
2. 缺血性腸炎
3. 肛門：痔瘡、肛裂

除上述疾病之外，任何部位的癌症都可能出血。

消化道出血該怎麼處理？
若出血量不大，可至門診安排胃腸鏡／大腸鏡檢查，找尋出血原因和位置，不要輕忽或服食偏方。若出血又快又急，應立刻送急診，遲了恐有性命之憂。

［建議科別］急診科、胃腸肝膽科、大腸直腸外科

關於 胃食道逆流 該知道的 4 件事
(Gastroesophageal reflux)

1. 疾病成因

下括約肌無力
胃酸向上逆流
造成損傷黏膜

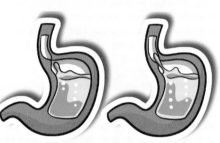

2. 常見症狀

口腔酸味、苦味

喉嚨卡卡、慢性咳嗽

胸悶胸痛（火燒心）

胃灼熱（溢赤酸）

3. 危險因子 & 預防方式

情緒及壓力	放鬆、運動
肥胖、抽菸、懷孕	減重、戒菸
酒精、咖啡、茶、汽水 高油食物、辛辣、甜食	調整飲食、進食 1 小時內不平躺

鎮靜安眠藥、氣喘藥、某些高血壓藥

4. 治療方式

胃鏡（兼具檢查與治療）
氫離子幫浦阻斷劑
制酸劑、H2 受體阻抗劑
胃腸蠕動促進劑

外科或內視鏡手術

胃食道逆流有什麼危險因子？

大多和生活步調緊湊及飲食西化、速食化相關，包括生活情緒緊張、工作壓力大、抽菸習慣等。邊吃邊說話會不自覺吞入空氣，吃東西又急又快將影響消化，更容易發生逆流。

炸物、燒烤、甜食、酒精、咖啡、碳酸飲料等大眾口味誰不喜愛？皆為應酬所不能少，怪不得台灣每5人就有1位胃食道逆流，已成亞洲之冠。

吳文傑醫師
員榮胃食道逆流診治中心創辦人

胃食道逆流症候群中
有三分之一是假逆流，真逆流
也只有四成做胃鏡能看到食道
發炎，所以若吃胃藥沒效，
一定要好好檢查！

長期服藥超過一年要注意
藥物副作用。減重、飲食
控制，甚至新型胃鏡微創
手術都是好選擇！

胃食道逆流有哪些症狀？

典型症狀為「溢赤酸」或「火燒心」，不危及生命，卻大大影響生活品質，也有患者以喉嚨卡卡及不明原因慢性咳嗽表現，吃止咳藥又總是治不好。

如何治療胃食道逆流？

需做胃鏡來確診，服用氫離子幫浦阻斷劑治療，放慢生活步調，減少前述不當飲食，或增加黏稠的食物（如糯米或燴飯），進食後1小時不平躺，都是減輕逆流的小撇步！

[建議科別] 胃腸肝膽科

一般外科　胃腸肝膽科

關於 腹痛 該知道的腹痛地圖
(Abdominal pain)

內臟器官發炎，較無法定出明確位置，且嚴重度可大可小

有這些症狀應門診就醫：裡急後重（有便意卻上不出來）

體重減輕、排便習慣改變、發燒、腹脹、水腫、黃疸

出現危險徵兆需立即就醫：

按壓彈回痛、腹壁僵硬、高燒、吐血或膽汁、胸部疼痛

右上腹
膽囊炎
肺炎
肝膿瘍

上腹
胃潰瘍
胰臟炎
心肌梗塞

左上腹
脾臟疾病
胃潰瘍

右下腹
闌尾炎
升結腸
卵巢疾病
輸尿管結石

下腹
尿道感染或結石
子宮疾病

左下腹
降結腸
乙狀結腸
卵巢疾病
輸尿管結石

爺爺你肚子痛？糟糕！

為了吃到飽回本，吃下 8 盤生魚片……

活該啊！

「腹痛時不但要人命，而且還常搞不清楚那裡出問題。」

為什麼肚子痛容易被誤判？

腹部裝著很多重要器官，內臟神經會有「轉移痛」，不像周邊神經可以清楚定位，腹痛的位置不見得就是該臟器所在的位置，容易誤判情勢或延誤就醫。

肚子痛該如何留意？

肚子痛時，依疼痛位置可將腹部畫分為六個區域，每個區域大致代表不同臟器的問題。此外還要觀察疼痛形式（絞痛、悶痛、脹痛、刺痛等）、痛了多久、持續性或間歇性、加重或緩解因子、伴隨症狀等，以便就醫時讓醫師迅速判斷。

有什麼危險警訊？

有個簡單的身體檢查：「按壓腹壁，並迅速放開」，若腹壁硬邦邦地壓不下去，按壓或回彈過程會引發劇痛，代表腹膜有發炎跡象，應立刻送醫。

［建議科別］胃腸肝膽科、急診科

關於 膽結石 該知道的 4 件事
(Gall stone)

1. 好發族群

女性居多
好發 40-50 歲
高油高糖飲食
家族病史
肥胖

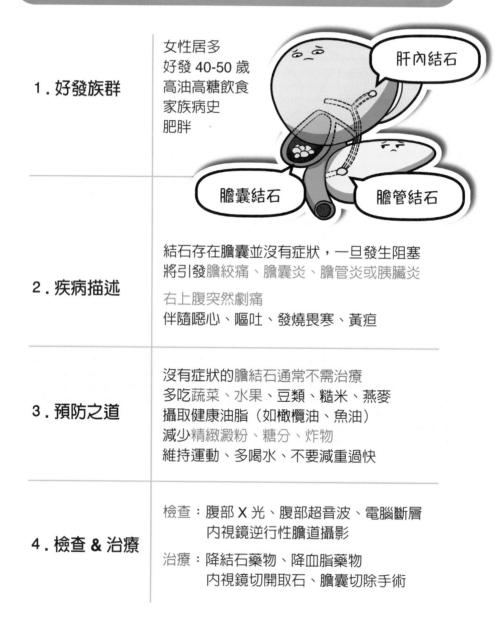

肝內結石

膽囊結石

膽管結石

2. 疾病描述

結石存在膽囊並沒有症狀，一旦發生阻塞
將引發膽絞痛、膽囊炎、膽管炎或胰臟炎

右上腹突然劇痛
伴隨噁心、嘔吐、發燒畏寒、黃疸

3. 預防之道

沒有症狀的膽結石通常不需治療
多吃蔬菜、水果、豆類、糙米、燕麥
攝取健康油脂（如橄欖油、魚油）
減少精緻澱粉、糖分、炸物
維持運動、多喝水、不要減重過快

4. 檢查 & 治療

檢查：腹部 X 光、腹部超音波、電腦斷層
　　　內視鏡逆行性膽道攝影
治療：降結石藥物、降血脂藥物
　　　內視鏡切開取石、膽囊切除手術

「肝膽排石法雖為無稽之談，卻喚起國人對膽結石的重視。」

為什麼會有膽結石？

膽汁由肝臟分泌，透過膽管運送至膽囊儲存，當膽汁濃度過高或膽固醇及膽紅素含量過高，就可能形成膽結石。

膽結石能小如沙粒，也能大如乒乓球。最常發生在膽囊裡，即一般所謂「膽結石」。發生在膽管叫「膽管結石」，發生在肝臟內的小膽管叫「肝內結石」。

這就是從我體內取出的無限寶石啊……

不要玩結石啦！

膽結石會有什麼症狀？

大部分膽結石患者終其一生沒有症狀，接受影像檢查才發現結石。

若結石阻塞膽囊出口或總膽管，會引起右上腹突然劇痛，即為「膽絞痛」。若引起細菌感染，在膽囊為「膽囊炎」，在膽管為「膽管炎」。阻塞胰管出口會造成「胰臟炎」，這些皆為腹部急症，必須立即治療。

發現膽結石該怎麼辦？

沒有症狀的膽結石通常不需要處理。有症狀的膽結石，主要處理方式為膽囊切除手術，推薦腹腔鏡（內視鏡）手術，相較於傳統開腹手術，有較少的住院時間，術後恢復也快。

[建議科別] 胃腸肝膽科、一般外科

關於 病毒性肝炎 該知道的 4 件事
(Viral hepatitis)

1. 五型病毒

肝炎病毒分為 ABCDE 五型

A、B 兩型有疫苗可注射預防

A、E 兩型經食物或飲水傳染，不會慢性帶原

BCD 三型血液傳染（輸血、性交或共用針具）
可慢性帶原，過去是肝硬化及肝癌的主因

2. 肝炎症狀

慢性或急性肝炎大多無症狀

急性發炎可能會疲倦
嘔吐、茶色尿、眼睛黃

進展到肝硬化或肝癌
會有水腫、容易出血
肝腦昏迷、腹水等

3. B 型肝炎

自從小兒注射疫苗，B 肝盛行率已大減

高風險群如血液透析、器官移植、常需輸血
免疫不全、注射藥癮者，應有足量抗體

抗病毒藥：壓低病毒量使之不易發作

定期追蹤超音波，早期偵測肝硬化或肝癌

4. C 型肝炎

尚無疫苗可預防

抗病毒藥：可完全治癒病毒感染

「曾經的國病B型肝炎有多可怕，沒經歷過很難體會。」

B型肝炎有多可怕？

台灣當年，成人的B型肝炎病毒帶原率曾高達20%，主要透過血液及體液傳染，可以水平感染（輸血、血液透析、性交、共用針頭），也可以垂直感染（母親傳胎兒），而且它能轉變成慢性肝炎，引發「肝炎—肝硬化—肝癌」死亡三部曲。

B型肝炎是怎麼被消滅的？

1986年，新生兒全面接種B型肝炎疫苗。2003年，健保給付慢性B型肝炎抗病毒藥物，能將患者體內病毒量壓至極低，雖然無法完全治癒，但已不容易發生肝炎。

你們給我滾得遠遠的！

C型肝炎如何治療？

C型肝炎已研發出抗病毒口服藥，原本是天價的自費藥物，現已全面納入健保給付，只要接受完整療程，有很大機會將病毒根除，完全治癒疾病。

至此，兩大肝炎病毒對國人的健康已不再造成巨大威脅，得歸功於預防注射、公共衛生教育、健保給付等關鍵。

[建議科別] 胃腸肝膽科

關於 肝硬化 該知道的 3 件事
(Liver cirrhosis)

1.硬化成因

肝臟長期發炎導致纖維化，逐漸造成肝硬化

非酒精性脂肪肝 → 已成為肝硬化的元凶

酒精性肝炎 → 長期大量飲酒者

B 型 / C 型肝炎 → 已逐漸減少

2.硬化症狀

初期：無症狀，難以察覺
中期：黃疸、腹水、瘀青出血、水腫
後期：肝脾腫大、肝昏迷、食道靜脈曲張

肝硬化任何階段皆可能發生肝癌

**3.非酒精性
脂肪肝**

俗稱「肝包油」，盛行率約 25% 人口
已成為肝癌與肝硬化的主因

高風險族群：
應酬、 飲酒、 肥胖、 三高、40 歲以上
→ 定期接受腹部超音波檢查

對抗脂肪肝：
減重、黑咖啡（適量）、藥物治療

「不加班賣肝，就不會肝硬化了嗎？並非如此！」

肝為何會硬化？

健康肝臟沒有纖維組織，應該像市場賣的豬肝一樣，表面平滑、觸感柔軟。當肝臟長期發炎，纖維組織增生，肝臟逐漸被分割成許多小結節，就因此「硬化」了，肝硬化其實就是肝臟嚴重纖維化。

什麼原因引起肝硬化？

「脂肪肝、酗酒、病毒」為肝硬化的三大主因。

前一章提到，病毒性肝炎盛行率已大幅下降，但肝癌發生率依舊居高不下。因為隨著飲食西化、肥胖、三高盛行、應酬、飲酒、高齡化等因素，脂肪肝已成為肝硬化及肝癌的元凶。

經過三十六小時連續加班，我的肝臟已經可以擋子彈了！

你搞錯了～

脂肪肝才會肝硬化！

什麼是脂肪肝？

脂肪肝的全名是「非酒精性脂肪肝」，又俗稱「肝包油」。由於幾乎沒有症狀，很多人是接受腹部超音波檢查才發現脂肪肝，平均每 4 人當中就有 1 人患有程度不等的脂肪肝。

當脂肪肝嚴重且未接受治療，可能於 10-20 年後進展為肝硬化或肝癌，到時才接受治療為時已晚。

[建議科別] 胃腸肝膽科

關於 肝癌 該知道的 3 件事
(Liver cancer)

肝癌佔十大癌症死因第二位、發生率第四位
定期腹部超音波、治療脂肪肝,為預防肝癌的不二法門

1. 病變過程

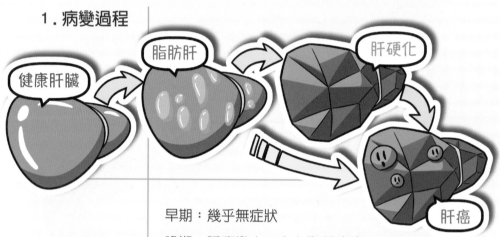

健康肝臟　→　脂肪肝　→　肝硬化　→　肝癌

2. 肝癌症狀

早期:幾乎無症狀

晚期:腫瘤變大、右上腹部疼痛
肝功能減損、體重減輕、食慾不振

肝硬化症狀:黃疸、腹水、容易出血

3. 治療方式

手術切除(早期肝癌首選)、肝臟移植

局部治療	全身治療
高頻燒灼	化學治療
酒精注射	標靶治療
動脈栓塞	免疫治療
放射治療	

「護肝首重減肥和戒酒，別等肝癌發生，只能寫個慘字。」

有「最強綠葉」稱號的港星吳孟達因肝癌過世，看他電影長大的我們不勝唏噓，達叔 RIP……

我還沒上車呢！

肝癌會有什麼症狀？
肝癌初期幾乎沒有症狀，十分難以察覺；等腫瘤大一些，會有一些非特異性症狀，包含發燒、疲倦、頭暈、食慾變差等，還是很容易被輕忽；等狀況變嚴重，如右上腹部疼痛、體重減輕、肝硬化等症狀出現時，往往已是癌症第三期或第四期。

如何發現肝癌？
診斷肝癌需要詳細的全身檢查，包括腹部超音波、電腦斷層、核磁共振或切片檢查。

如何治療肝癌？
若肝功能正常，腫瘤較小顆且沒有侵犯到大血管，手術切除是首選，符合特定條件，也能做肝臟移植。對於不適合手術的前期病灶，有高頻燒灼術、酒精注射等治療法。
較後期的肝癌，只能選擇非根除性療法，如動脈栓塞、放射治療、化學治療、標靶治療等方式，設法延長存活。

[建議科別] 胃腸肝膽科、血液腫瘤科

關於 便秘 該知道的 3 件事
(Constipation)

1.何謂便秘

超過 3 日未排便

過程超過 5 分鐘

要很用力排便

一粒粒或硬便

感覺排不乾淨

> 正常排便頻率
> 為每 3 日 1 次
> 至每日 3 次喔！

2.便秘風險

生活型態
水和維纖攝取不足
久坐上班、運動不足
有憋便習慣

相關藥物：抗憂鬱藥、鈣片
含鋁的胃乳片、嗎啡類止痛藥等

相關疾病
大腸癌：會伴隨血便、貧血、體重減輕
腸躁症：便秘及腹瀉交替出現

3.順暢之道

每日喝水 2 公升
多攝取高纖蔬果
服用益生菌

規律運動
勿憋便想排就排
如廁時專心一意
順時針按摩腹部

軟便藥物、塞劑
促腸蠕動藥

「除了多喝水，還有這些招數能改善便秘體質──」

為何會便秘？

大腸蠕動變慢，或者糞便含水量不足（大腸吸收了太多水或分泌太少水），使得糞便過乾、過硬，排便就會不順暢。

嚴重者超過三日以上才解一次便，解便時很費力，解完仍感覺排不乾淨，就造成了便秘。

有哪些影響排便的因素？

除了個人腸道體質，首重生活型態，某些藥物也可能造成便秘，有疑慮時，應和醫生討論是否需要調整藥物。

年長者新出現的便秘，或合併血便、體重減輕、與腹瀉交替出現等症狀，需當心「大腸直腸癌」或「腸躁症」。

如何改善便秘？

大部分便秘可藉由改善生活型態來變順暢，如多喝水及高纖蔬果、按摩腹部、專心排便、服用益生菌等，皆可能有幫助。真的不行再使用口服藥或軟便塞劑。

[建議科別] 大腸直腸外科

關於 痔瘡 該知道的 4 件事
(Hemorrhoid)

1.危險因子	久站久坐 便秘 懷孕 少喝水 少攝取纖維 熬夜、吸菸 酗酒、肝硬化

混合痔

2.常見症狀	排便出血 肛門異物感、搔癢感、解便疼痛 外痔摸得到，較會引發疼痛 內痔摸不到，也較不會疼痛 內痔依嚴重度分四級，若下垂到肛門外 能推回去為第三級，推不回去為第四級

3.預防之道	多吃高纖蔬果，多喝水，避免油炸物 水洗肛門（或免治馬桶），少用衛生紙 避免久坐久站，養成運動習慣 服用軟便劑，有便意就去排便

4.治療方式	痔瘡軟膏或塞劑 40 度溫水坐浴每日 3-4 次，每次 5-10 分鐘 注射硬化劑、橡皮圈結紮 手術切除

「不愛吃高纖蔬果、久坐不動，當心少年得『痔』！」

痔瘡是什麼？

痔瘡形成的原因，是肛門靜脈血管回流受阻，導致靜脈異常擴張，組織腫脹。常見症狀為出血、疼痛、搔癢、異物感。

直腸黏膜與肛門口的皮膚之間，以「齒狀線」為分界，齒狀線以上為內痔，以下為外痔，上下皆有為混合痔，簡單來說，外痔摸得到，內痔摸不到，除非太嚴重脫垂到肛門外。

院長你怎麼了？
為何不坐著吃？

少囉唆～

哪些族群容易發生痔瘡？

痔瘡的危險因子首為便秘，用力排便會增加骨盆腔壓力。久坐族如上班族、司機、學生，久站族如空服員、服務生、教師等，皆為痔瘡的好發族群。此外還有懷孕婦女及肥胖人士。

如何預防痔瘡發作？

改善便秘問題，多攝取飲食纖維及水分，避免油炸物，排便後水洗肛門或用免治馬桶，少用衛生紙以避免磨擦。還要保持運動習慣，避免久坐久站，每天溫水坐浴數次，都是保養的方式。

[建議科別] 大腸直腸外科

關於 腹瀉 該知道的 3 件事
(Diarrhea)

1 . 腹瀉定義

排出稀水狀糞便
排便次數一日 3 次以上
一日排出大於 200 公克糞便

2 . 常見病因 & 合併症狀

細菌、寄生蟲感染：發燒、血便或嘔吐

病毒感染：發燒或感冒症狀

大腸癌：血便、貧血、體重減輕、解便異常

腸躁症：長期交替出現腹瀉及便秘

發炎性腸病：腹痛、貧血、血便、關節痛

此外有甲狀腺亢進、乳糖不耐症、糖尿病等

3 . 治療方式

輕微腹瀉
先禁食兩餐，喝清湯或運動飲料防止脫水
口服止瀉藥物
避免咖啡因、乳製品、油炸物、甜食
逐漸恢復軟質飲食，白吐司、饅頭或清粥

嚴重腹瀉
針對感染病因使用抗生素治療
靜脈注射補充水分、熱量及電解質

「拉肚子別急著止瀉，腸道正在將不好的東西排出體外！」

怎樣算是拉肚子？

正常情況一天解便約為 1-2 次，若一天排便超過 3 次，或呈稀水狀，就可稱為腹瀉，嚴重時甚至一天可超過 10 次。

哪些原因會造成腹瀉？

腹瀉可分為急性及慢性，3 周之內為急性腹瀉，持續超過 3 周就是慢性腹瀉。

急性腹瀉大多是良性原因，如食物置於室溫過久，細菌滋生釋出腸毒素。另一種是病毒侵犯腸胃道黏膜引發的腹瀉，可能合併上呼吸道症狀，一般俗稱「病毒性腸胃炎」，或有的醫師解釋為「腸胃型感冒」。

發生腹瀉該怎麼處理？

腸道裡有壞東西，難道要讓它留在體內？身體會自行將壞東西排出體外，所以短暫腹瀉重要的並不是止瀉，而是預防脫水和電解質如鈉、鉀的失衡。

可以先禁食清空腸道，喝清湯或運動飲料來補充水分及電解質，或吃白吐司、饅頭、粥等容易消化的食物。也可用止瀉藥物減輕症狀，但勿吃過頭反而導致便秘。

爺爺，炸雞來一點吧？

饒了我吧……

［建議科別］一般內科、肝膽腸胃科

關於 大腸直腸癌 該知道的 3 件事
(Colorectal cancer)

大腸癌佔十大癌症死因第三位、發生率第一位

1. 風險族群	> 50 歲 家族病史 愛吃紅肉 肥胖 抽菸、酗酒 曾有大腸息肉 腸道慢性發炎
2. 六大症狀	排便習慣改變 大便帶血或黏液 腹脹或絞痛 體重減輕 莫名貧血 有便意卻排不乾淨
3. 預防方式	運動、減重、戒菸、少喝酒、定期追蹤 多吃白肉,少吃紅肉 多吃全穀類、蔬菜水果,少吃精緻澱粉 多吃原型食物,少吃燒烤、油炸、加工食物

國民健康局提供 50-75 歲,每 2 年 1 次糞便潛血檢查
若為高風險,每 3-5 年自費大腸鏡檢查

「如果你的耐心有大腸癌的一半，做很多事情都能成功！」

為何說大腸癌很有耐心？

大腸偶爾會長出息肉，多數是良性的，僅少數會演變為癌症，變化過程很慢，甚至可以長達 10 年以上。

大腸癌初期，糞便可能會有潛血反應（肉眼看不到的出血），並逐漸發生貧血，除此以外基本沒有什麼症狀。等到解血便、體重減輕、排便習慣改變的時候，經常已是癌症第三期以上。

好發大腸癌的風險族群？

大腸癌的男女比例差不多，任何年齡都可能發生，但 50-85 歲較好發，風險因素包括飲食纖維不足、愛吃紅肉和加工肉品、肥胖、吸菸和酗酒等，都是現代人喜愛的飲食方式。

其他風險包括大腸癌家族史，曾有大腸息肉，發炎性腸道疾病（潰瘍性結腸炎 / 克隆氏症）等。

如何預防大腸癌？

改變飲食及調整生活，是預防大腸癌的不二法門，若年紀符合，應定期接受公費糞便潛血檢查，或每隔幾年自費做大腸鏡檢查，才能發現早期病灶。

［建議科別］大腸直腸外科

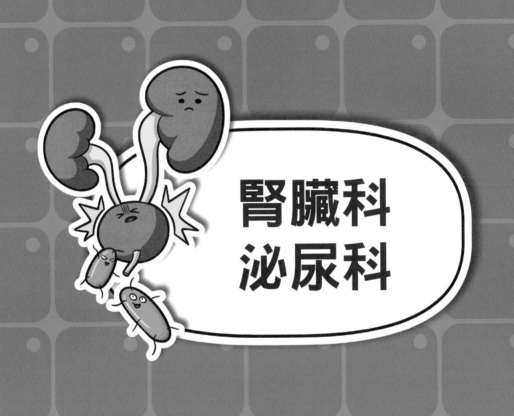

腎臟科
泌尿科

關於 蛋白尿 該知道的 4 件事
(Proteinuria)

1. 良性泡泡尿
泡泡尿別緊張，僅三成真的有腎臟問題

暫時性蛋白尿是良性的
常見原因：喝水太少、激烈運動、發燒

起床尿尿見泡泡 10 分鐘未散可做尿液檢查

2. 腎性蛋白尿
尿蛋白 > 150 毫克 / 每日
代表腎臟回收蛋白質功能減損

尿蛋白 > 1000 毫克 / 每日
將來有相當程度洗腎風險

3. 蛋白尿病因
糖尿病、高血壓
紅斑性狼瘡
多發性骨髓瘤
使用消炎藥 NSAID

有時需要腎臟切片
尋求治療方針

4. 蛋白尿治療
控制三高
移除病因
口服藥物

調整飲食：
少鹽、少糖、低蛋白

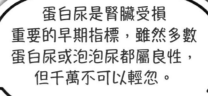

> 蛋白尿是腎臟受損重要的早期指標，雖然多數蛋白尿或泡泡尿都屬良性，但千萬不可以輕忽。

> 早期就醫早期治療，可以保護腎臟唷！

白袍旅人 楊為傑醫師

「馬桶浮著一層泡泡，是不是腎臟出了問題？」

泡泡尿是否等於蛋白尿？

尿液中含有許多含氮廢物，還有尿酸、肌酸酐、電解質。蛋白質是不該出現在尿液的成分，蛋白質的存在會改變尿液的表面張力，形成久久不散的泡泡。

但泡泡尿並不等於蛋白尿，泡泡尿特別容易出現在早上第一泡尿（尿液較濃），或者是男生站著尿尿、尿尿衝擊力大。

蛋白尿代表腎臟出問題了嗎？

也不一定。有幾種狀況會出現「暫時性蛋白尿」，如喝水太少、激烈運動過後、發燒的時候，有一小段時間會排出尿蛋白，狀況解除就沒事了。

早上第一泡尿形成大量泡泡，過十分鐘仍未散去，可接受尿液檢查，若確定是蛋白尿，才表示腎臟真的出了問題。

蛋白尿有什麼嚴重的後果？

蛋白尿嚴重與否，相當程度預測了日後腎臟惡化的可能性、需不需要接受洗腎，甚至是心血管事件發生的機率。

[建議科別] 腎臟科

關於 腎臟保健 該知道的 3 件事
(Renal protection)

腎絲球過濾率（eGFR）代表腎臟移除廢物的能力
與尿蛋白同為慢性腎臟病（CKD）最重要的兩項指標

1.慢性腎病 　分為五期	第一、二期 CKD：eGFR 高於 60mL/min 但合併蛋白尿、血尿、尿路異常等情形 第三期 CKD：eGFR 低於 60 要開始保養腎臟，每 3-6 個月追蹤 第四期 CKD：eGFR 低於 30 腎功能只剩 1/4，每 1-3 個月追蹤 第五期 CKD：eGFR 低於 15 要做洗腎準備或已經洗腎
2.腎臟疾病 　五大症狀	泡：尿液有泡泡 水：下肢水腫 高：高血壓難控制 貧：不明原因貧血 倦：持續疲倦感
3.保腎之道	每日喝水 1500cc 以上 低蛋白飲食 / 不重鹹 / 不憋尿 / 控制三高 避免消炎藥 NSAID、顯影劑、某些抗生素 以及成份不明的中藥、西藥、電台藥 藥物治療：減緩腎功能下降的速度

腎臟疾病
多無症狀！

有這些警訊
應盡速檢查！

謹記「腎臟保健八守則」：
健康飲食、規律運動、遠離肥胖、
多喝水、拒抽菸、少吃成藥、
控制三高、定期追蹤，就能大幅
降低腎臟病的風險，
擁有腎利人生！

腎臟科 張維文醫師
林口佑安內科診所院長

「腎功能就像寫考卷，低於 60 分就不及格。」

什麼是腎臟兩大指標？
「腎絲球過濾率（eGFR）」及「尿蛋白」，分別靠抽血及驗尿來檢查。
正常人 eGFR 也會逐年降低，但不會降得太快。而三高控制不佳或腎臟發炎的患者，腎功能會快速下降，尤其是糖尿病，更是造成近半數腎臟病患者日後接受洗腎的元凶。

我們應如何保養腎臟？
健康的人，基本保養為多喝水、少憋尿、飲食少油鹽糖、不吃成分不明的藥。
對於慢性腎臟病患者（eGFR 低於 60），除非年紀很大，皆建議嚴格調整生活型態，搭配低蛋白飲食及藥物治療。

有保養腎臟的新藥嗎？
有的！過去 20 年，繼血壓藥 ACEI/ARB 之後，護腎藥物便遇到了瓶頸，一直沒有新藥物加入，直到近年的排糖藥 SGLT2i 問世，對於糖尿病或非糖尿病患者，能保護心臟並同時減緩腎功能下降，實為廣大腎友的福音！

[建議科別] 腎臟科、一般內科

腎臟替代療法 該知道的 5 件事
(Renal replacement therapy)

1. 執行時機

肌酸酐指數高於 8 或腎絲球過濾率低於 10

合併尿毒症狀：噁心嘔吐、疲倦、喘、水腫

---

2. 血液透析

俗稱洗腎、洗腰子
在手臂建立血管通路
用人工腎臟移除廢物和水分
每周治療 3 次，每次約 4 小時

3. 腹膜透析

俗稱洗肚子
在腹部皮下植入管路
用腹膜移除廢物和水分
在家自行換液，每月回診 1 次

---

4. 腎臟移植

將健康腎臟植入下腹
來源為五等親或腦死患者
術前進行組織配對
術後長期吃抗排斥藥

---

5. 安寧療護

患者生活功能差或預期壽命短
如癌末、呼吸器依賴或植物人狀態
可減少或脫離洗腎，以減緩不適為主

「腎功能若連 15 分都不到，就得準備留校察看。」

何時得開始準備腎臟替代療法？
前一章有提到，eGFR 降至 60 以下即為慢性腎臟病，此時腎功能尚足以應付身體所需。但當 eGFR 降至 15 以下，進入「慢性腎臟病第五期」。會陸續產生肺水腫（呼吸喘）、腳水腫、尿毒症狀（噁心、嘔吐、倦怠、食慾不振等）。此時腎臟功能已岌岌可危，隨時有可能接受透析治療，腎臟團隊會向患者介紹幾種腎臟替代療法。

哪一種腎臟替代療法最佳？
「腎臟移植」的生活品質及長期預後最佳，無論是五等親內活體腎移植，或接受腦死患者的大體腎移植，有機會移植都不應該錯過，最大的問題是腎臟來源稀缺。

「血液透析」和「腹膜透析」兩者如何做選擇？
兩種透析模式各有優缺，預後也差不多，患者可依自身條件進行選擇。一般建議，若視力及雙手操作沒問題，不想被綁住太多時間，可選擇腹膜透析。反之，容易粗心或操作不方便的患者，希望交由專業人員來處理，應優先選擇血液透析。

［建議科別］腎臟科

關於 水分攝取 該知道的 4 件事
(Arrhythmia)

1. 水分密碼	新生兒約有 80% 的水分 成年男性佔 60% 成年女性佔 50% 每日從排汗、呼氣 流失的水分約 900cc

2. 計算水量	每日應攝取 1500-2000cc 以上的水分 水分攝入量＝液體總量 (水、湯、飲料) + 固體食物含水量 (水分佔 50-80%)
3. 誰該多喝	夏天、運動、腹瀉、發燒時應該多喝水 喝水不足容易泌尿道感染或尿路結石 嚴重時會脫水，甚至休克
4. 誰該少喝	心臟衰竭以及肝硬化患者 慢性腎臟病後期或已接受透析治療 　（慢性腎臟病前期尚無須嚴格限水） 喝水太多會腳水腫、肺水腫 或低血鈉 （俗稱水中毒）

「多喝水才能解身體的渴，半桶水身體很容易生病！」

水存在身體何處？

大部分的水存在細胞裡面，佔全身總水量的 2/3。另外 1/3 散布於組織間液和血液，運送養分和氧氣到各器官組織，並將細胞代謝的廢物如尿素、二氧化碳，經腎臟及肺臟排出體外。

維持水分平衡，是保持身體健康最重要的事之一，水分攝取太多或不足，都將導致身體出狀況！

誰該多喝水？

除非有特殊疾病，所有人都應該多喝水！阿毛上班會準備一只 1000cc 水瓶，每天提醒自己要喝光兩次，才不會因為工作忙碌而忘了喝水（茶飲及喝湯也可以計算）。

誰該少喝水？

「心、肝、腎」有疾病的患者，可能需要限制水分和鹽分攝取，細節應請教您的醫生。

慢性腎臟病有嚴重程度之分，只有「後期腎臟病」或「已經透析治療」的患者，才需要限水。「前期腎臟病」一般不需嚴格限水，才能維持腎臟健康。

[建議科別] 心臟內科、腎臟科

關於 水腫 該知道的 **3** 件事
(Edema)

1. 核心觀念

水腫通常無須過度擔心，先暫停可能的藥物
若合併下列症狀，再求助相關科別

上午不腫、下午才腫，可能是生理性水腫
以女性為多，不一定要使用利尿劑

2. 可能病因

心臟衰竭：曾有心臟
病史，走路、爬樓梯
甚至平躺會呼吸困難

甲狀腺失調：按壓小
腿不會凹陷，可能合
併體重或食慾改變

腎病症候群：蛋白質
從泡泡尿中流失

藥物副作用：某些
降血壓藥、類固醇、
消炎止痛藥
NSAID、荷爾蒙

肝硬化：脂肪肝、
肝炎病毒帶原或酗酒

3. 治療方式

移除病因

平躺抬腳

穿彈性襪

避免重鹹食物

適量利尿劑

「每到下午，就覺得自己下半身腫腫的嗎？」

什麼是「生理性水腫」？
很多女生都發生過生理性水腫，一般發生在下午，或是久坐久站之後，通常隔天起床就會自行消失，每到下午又出現。

哪些狀況是「疾病性水腫」？
若水腫好幾天沒消退，甚至越來越嚴重，就要考慮是否潛在全身性的問題。尤其是「心、肝、腎」等三個器官，出了問題都可能引發水腫。
有些藥物也會引起水腫，停藥就會改善。但若是不能任意停用的藥（如血壓藥或荷爾蒙），最好和開藥的醫師商量一下，看能否換藥或減量。

護護妳為何躺在地上？

我也不想啊，但今天實在太腫了……

如何治療水腫？
試著穿彈性襪，從遠端往近端按摩，平躺時抬腳等動作，皆可加速水腫消失。醫師可能會開立利尿劑來改善水腫，效果一般不錯，但切勿過度使用利尿劑，可能造成脫水及電解質失調。

［建議科別］家醫科、腎臟科、心臟內科

關於 血液透析 該知道的 3 件事
(Hemodialysis)

1. 關於血透

在手臂上建立血管通路，用來引出血液
每周 2-3 次至院所進行透析
利用人工腎臟清除血中廢物和水分

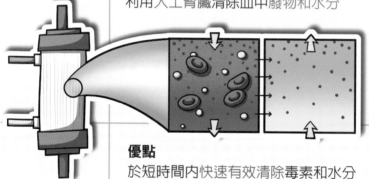

2. 優點缺點

優點

於短時間內快速有效清除毒素和水分
過程由專業人員執行，免除個人失誤
經常和醫護人員交流，心理支持較佳

缺點

飲食限制較嚴格，特別是蔬菜水果
血壓、水分及毒素變動較大
每次治療需打兩針，躺臥四小時

3. 常見問題

不平衡症候群：發生於初次透析

血管通路：阻塞、狹窄或疼痛

貧血：需補充紅血球生成素及鐵劑

掉血壓：需調整脫水量及降血壓藥

抽筋：需控制水分，用藥物控制

皮膚癢：血磷控制不佳或皮膚太乾燥

抗凝血劑：手術前需調整劑量

「台灣被稱為洗腎王國，並非因為國人的腎臟不好？」

為何台灣會被稱為洗腎王國？

全世界九成以上的末期腎臟病患者接受血液透析，台灣長期高居洗腎人口盛行率首位，直到近年才讓出榜首。

洗腎王國的名號當然不好聽，隱隱有「台灣人腎臟不好」的貶意，但事實並非如此，恰好相反，因為台灣醫療技術和健保制度都相當好，癌症、心臟病、感染症、腦中風等疾病，都能獲得及時的治療，民眾普遍越來越長壽，最後什麼病都治好了，腎臟卻撐不住，便接受了透析治療。

血液透析有什麼優缺點？

相較於腹膜透析，血液透析全程由醫護人員來執行，每次透析都可以和醫護討論近況，提供更好的心理支持度。

血液透析的原理，會在短時間（平均 4 小時）之內快速移除毒素和水分，會有較大的血壓、水分及毒素變動，較易引起不適，所以血透的患者，一般需要較嚴格控制飲食和飲水。

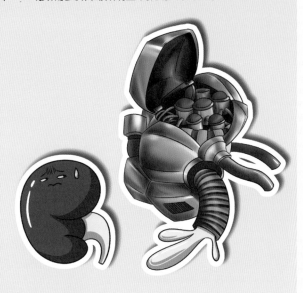

［建議科別］腎臟科

男性性功能障礙 該懂的 4 件事
(Male sexual dysfunction)

1. 勃起障礙（俗稱陽萎）

陰莖無法勃起、硬度不足或難以持久

多為陰莖動靜脈異常，導致海綿體充血不足
內科疾病如糖尿病、心血管疾病、腎臟病
其他如心理因素、抽菸、藥物、荷爾蒙等

2. 治療陽萎

藥物：PDE5 抑制劑如藍色小藥丸
（令血管擴張，可能會降血壓）

低能量震波治療：
改善海綿體神經功能

3. 早洩問題

定義：陰莖尚未進入陰道
或進入陰道 1 分鐘內就提早射精

行為治療：感覺要射精時性交中斷 30 秒
藥物治療：選擇性血清素再吸收抑制劑

4. 心理層面

與單一性伴侶維持親密關係
讓彼此都了解藥物治療是安全的

許多人有同樣困擾，應大方就醫
大部分的性功能障礙可以被治療

「告別『舉弱男』，重振家庭支『柱』！」

一旦罹患性功能障礙，不但患者個人有很大困擾，甚至會影響家庭和諧。麻煩的是，男人對性功能問題一向難以啟齒，不想被別人知道自己「那方面不行」，忌諱就醫，以致無法及時採取正確對策。

男性性功能障礙有哪些種類？
性行為的任何一個階段發生問題，皆為男性性功能障礙。包括性慾降低、勃起功能障礙（陽萎）、射精功能障礙（早洩、遺精、延遲射精或不射精）等。

如何改善男性性功能障礙？
性功能障礙就像感冒一樣，是疾病所致。以最常見的勃起障礙來說，陰莖的小血管不通順，導致海綿體充血不足，無法達到足夠的勃起硬度。
服用「藍色小藥丸」能令血管擴張，幫助海綿體完成充血。接受低能量震波治療能改善海綿體的神經功能。戒菸、少喝酒、規律運動、調整內科藥物等，皆可改善陽萎。

詹皓凱醫師
Dr.Bird 怪醫鳥博士

勃起障礙絕大部分是血管問題，千萬不要覺得有失男性顏面而諱疾忌醫，自行服用偏方。

找醫生好好檢查有什麼因素影響了心血管循環，正確治療才是王道喔！

[建議科別] 泌尿科

關於 泌尿道感染 該知道的 3 件事
(Urinary tract infection)

1. 感染症狀

膀胱炎或尿道炎：頻尿、急尿、血尿
排尿疼痛或灼熱感、解尿困難

腎盂腎炎或局部膿瘍：除上述症狀
也伴隨發燒、畏寒或背腰疼痛

2. 高風險群

喝水太少
經常憋尿
育齡婦女
性行為太頻繁

糖尿病
尿路結石
兒童尿路逆流
需導尿或長期放導尿管

終於有空，
快多喝點水
記得尿尿！

3. 預防感染

不要憋尿
喝蔓越莓飲料
擦屁股由前往後
加強會陰及肛門清潔
性行為前後排尿並清潔
每天喝水 1500-2000cc

抗生素治療：通常服藥兩天後症狀就會改善
但建議將藥物按天數吃完，以免培養出抗藥細菌

「一生回憶的蜜月，可別因膀胱發炎而掃興！」

泌尿道感染有哪些種類？

尿液的環境本應為無菌，當泌尿道任何器官被細菌感染引起發炎，都稱作泌尿道感染。

以解剖位置區分，上泌尿道感染如「急性腎盂腎炎」，下泌尿道感染如「膀胱炎」、「尿道炎」或「攝護腺炎」。

什麼是「蜜月期膀胱炎」？

細菌常由尿道口逆行而上，進入泌尿系統，稱為「上行性感染」。女性尿道長度比男性來得短，也更容易受到感染。蜜月期間新婚夫妻由於性行為較頻繁，旅途又少喝水，特別容易發生女性泌尿道感染。

腎臟科 泌尿科

> 親愛的，妳有沒有看到蜜月買的紀念品？

> 別跟我提蜜月！整趟旅行都膀胱發炎，氣死了！

如何預防與治療泌尿道感染？

多喝水、不憋尿是預防泌尿道感染的關鍵。

輕微感染可用口服抗生素治療，症狀改善之後，為了不培養出抗藥性細菌，務必按醫生指示將藥物服用完畢。

嚴重的感染得住院治療，若發生尿路阻塞或局部膿瘍，需要插管引流甚至手術，方能治癒。

［建議科別］腎臟科、泌尿科

關於 尿失禁 該知道的 3 件事
(Urinary Incontinence)

大笑時漏尿好尷尬！尿失禁又有「社交癌」之稱
每四位婦女，就有一位為尿失禁所苦

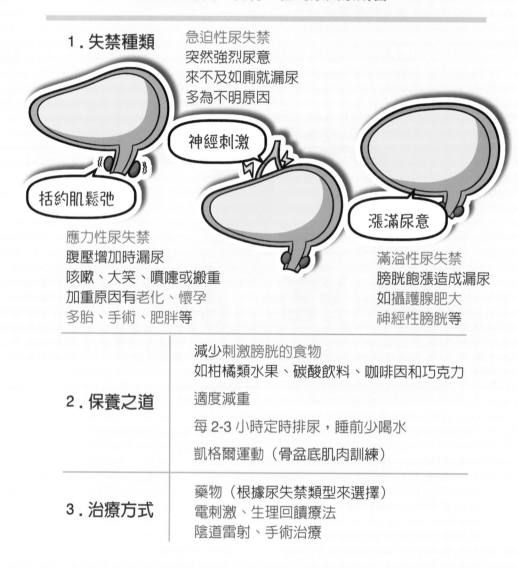

1. 失禁種類

急迫性尿失禁
突然強烈尿意
來不及如廁就漏尿
多為不明原因

神經刺激

括約肌鬆弛

漲滿尿意

應力性尿失禁
腹壓增加時漏尿
咳嗽、大笑、噴嚏或搬重
加重原因有老化、懷孕
多胎、手術、肥胖等

滿溢性尿失禁
膀胱飽漲造成漏尿
如攝護腺肥大
神經性膀胱等

2. 保養之道

減少刺激膀胱的食物
如柑橘類水果、碳酸飲料、咖啡因和巧克力

適度減重

每 2-3 小時定時排尿，睡前少喝水

凱格爾運動（骨盆底肌肉訓練）

3. 治療方式

藥物（根據尿失禁類型來選擇）
電刺激、生理回饋療法
陰道雷射、手術治療

「社交癌不是癌症，有時卻比真的癌症更令人在意！」

尿失禁有哪些類型？

1. 應力性尿失禁（最常見的類型）：膀胱出口的括約肌鬆弛，在腹壓增加時漏出小便，容易發生在年長者或多產婦女（骨盆脫垂）、懷孕婦女或肥胖者（內在壓迫）、動過腹腔手術（骨盆支撐結構無力）等。

2. 急迫性尿失禁：由於神經過度刺激，膀胱收縮造成漏尿，易發生在中風或脊髓病變患者。

3. 滿溢性尿失禁：膀胱過度飽漲而不自知，小便滿溢而出，原因包括攝護腺肥大或神經性膀胱。

4. 功能性尿失禁：因行動不便、老年癡呆、意識不清等原因，在不當的時間地點排出尿液。

5. 混合型尿失禁：存在兩種或以上的尿失禁原因。

如何改善尿失禁？

先調整生活型態，包括減少刺激膀胱的食物、減輕體重、養成定時排尿習慣等。也可至泌尿科求治，根據不同的類型給予藥物。或接受陰道雷射治療，也有相當的療效。

[建議科別] 泌尿科、婦產科

關於 攝護腺肥大 該知道的 4 件事
(Benign prostatic hyperplasia)

1. 流行病學

男人超過 50 歲就會開始攝護腺肥大
且年紀越大比例越高：50 歲以上 50%
70 歲以上 70%，80 歲以上 90%

→ 攝護腺肥大可謂男人的長壽病

2. 肥大症狀

攝護腺組織異常增生，壓迫尿道或膀胱：

排尿中斷、尿流細小
頻尿、急尿、夜尿
用力解尿、殘尿感

3. 預防之道

攝取茄紅素：番茄
西瓜、木瓜、葡萄柚

攝取異黃酮：大豆製品

調整藥物：抗組織胺
抗憂鬱劑、嗎啡類止痛藥

4. 治療方式

藥物：α 交感神經阻斷劑、荷爾蒙抑制劑

尿液引流：間歇導尿、放尿管、膀胱造口

手術治療：攝護腺切除、雷射汽化術

「得到攝護腺肥大，代表你身體夠好，活得夠久！」

「出生、死亡、攝護腺肥大」為男人必經三件事。90歲以上的男人，九成以上都有攝護腺肥大的問題，反過來說，患上攝護腺肥大通常代表足夠長壽。

「少年噴過山，老來滴到鞋」攝護腺肥大是男人成熟後必經的道路。正確保養可以減緩攝護腺肥大造成的症狀！

跟著阿毛醫師與老高醫師，一起重回暢快人生～

大禹治水 高銘鴻醫師
恩主公醫院 / 三峽北大泌尿科

攝護腺肥大有什麼症狀？
攝護腺增生腫大時，會壓迫尿道或膀胱，早期只覺得夜間尿尿次數增加，接著出現尿尿無力或尿不乾淨，甚至血尿。
當狀況更加嚴重，排尿需花很長的時間，尿流細小，最後滴滴答答，損害生活品質不說，還可能阻塞輸尿管損害腎功能。

如何檢查攝護腺肥大？
診斷依靠病史詢問、肛門指診、經直腸超音波、尿動力學檢查、血液檢查等。如攝護腺特異抗原（PSA）數值超出正常值，可能需做切片檢查以排除癌症。

如何治療攝護腺肥大？
近半數患者只需藥物即可改善症狀，但若合併以下症狀就需要手術治療：反覆泌尿道感染，經常血尿，尿滯留引起腎水腫或腎功能受損，藥物治療無效等。

［建議科別］泌尿科

關於 尿路結石 該知道的 4 件事
(Urolithiasis)

1. 疾病介紹

男性居多，好發 30-50 歲
風險：結石病史、少走動、少喝水、常憋尿

原本無不適，結石落下時突然劇痛
單側腰痛（腎絞痛）或下腹痛
伴隨血尿或解尿困難

2. 檢查方式

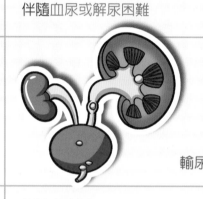

尿液檢查
腹部 X 光
尿路攝影
電腦斷層
超音波
輸尿管鏡／膀胱鏡

3. 治療方式

若結石直徑 < 0.6 公分
可服藥嘗試自行排出

體外震波碎石
經皮腎臟碎石
輸尿管鏡／膀胱鏡碎石
手術取石

4. 預防之道

飲水每日 > 2500cc

勿久坐、多運動、不憋尿

勿攝取過量鈣質或維生素 D

飲食細節因不同結石成分而不同

「尿路結石男性多，膽結石女性多，上帝是公平的。」

結石有什麼症狀？

結石的痛既快且猛，痛到臉色發白冒冷汗，找不到舒服姿勢，懷疑人生。

結石在腎臟會引發單側腰痛，在輸尿管會「該邊痛」，在膀胱會下腹痛，一顆石頭從上到下可能會痛上兩三回。除了疼痛，結石刮傷泌尿道會造成血尿，也可能阻塞尿路。合併感染時會有發燒、畏寒、噁心嘔吐等症狀。

無症狀腎結石是否需要處理？

小於 0.5 公分的結石，經藥物治療與大量喝水，有機會隨尿液自行排出。0.6 公分以上的結石，掉落時可能造成阻塞，必須接受碎石治療。隨著體外震波碎石和內視鏡的進步，九成以上病人不必手術就可以將結石擊碎。

結石患者有何保養之道？

多喝水（每日喝水 2500-3000cc，保持每日尿量 > 2000cc），多上廁所。不必限制鈣質攝取，但勿攝取過量，細部的飲食調整，需看結石成分決定。

這回總算
知道怕了……

[建議科別] 泌尿科

卡哇醫團隊成員

艾莉

興趣廣泛，被醫學耽誤的漫畫家
現為畢業後不分科醫師

最愛的事：努力創作的過程

專業：♠♠

親切：♠♠

創意：♠♠♠♠♠

神經內科
神經外科
精神科

關於 中風 該知道的 4 件事
(Stroke)

1. 危險因子 & 預防方式	高齡	
	中風病史	抗血小板藥物
	三高	積極控制
	肥胖、抽菸	減重、戒菸
	心房顫動	抗凝血劑
	頸動脈狹窄	積極治療

2. 兩種型態

缺血性 (80%)
腦血管阻塞

出血性 (20%)
腦血管破裂出血

3. FAST 中風指標

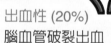

Face 臉不對稱
Arm 單側無力
Speech 口齒不清
Time 盡速送醫

4. 黃金時間

缺血性腦中風
發生三小時內
注射 rt-PA
有機會打通血管

「每十分鐘就有一人中風！發現 FAST，送醫要 FAST！」

中風有哪些危險因子？

除了年齡、性別、家族史，還有「四病、一胖、一狹窄」，即高血壓、高血脂、糖尿病、心房顫動等四種慢性疾病，肥胖以及頸動脈狹窄。

如何預防中風？

減重和戒菸為基本保養，此外要控制三高，再針對不同疾病服用抗血小板藥物或抗凝血藥物。

腦中風是一個非常嚴重的疾病，不僅讓人失能，未來還可能需要家人照顧。

一旦出現腦中風症狀，一定要「立即」至急診就醫，並且明確告知醫師發作時間，時間就是搶救大腦的關鍵喔！

魏智偉醫師
〈急診鋼鐵人 Dr. 魏〉版主

什麼是「中風指標 FAST」？為何要立即送醫？

發現他人臉部不對稱、單側肢體無力、口齒不清等症狀，需當作中風來處置，記下確切的發生時間並即刻送醫。

若是缺血性中風，在三小時內送至急診，經神經內科醫師評估後注射血栓溶解劑 rt-PA，就有一定機率打通血管，完全解除神經缺血症狀，不留下後遺症。

[建議科別] 急診科、神經內科

神經內科　神經外科　精神科

關於 頭痛 該知道的 4 件事
(Headache)

1. 三種原發性頭痛

張力性頭痛
雙側頭痛
頸部肌肉緊繃
與壓力情緒相關

偏頭痛
單側鈍痛
隨著脈搏跳動
好發女性

叢發性頭痛
急遽發作
眼眶周圍先痛
伴隨流淚、鼻水
好發男性

2. 次發頭痛	潛在中風、顱內出血、腦膜炎、腦動脈瘤等 危險徵兆：頸部僵硬、意識不清、手腳無力 近期頭部外傷、發燒
3. 治療方式	睡眠充足 放鬆心情 按摩肌肉 藥物治療
4. 飲食調整	減少柑橘類、巧克力、起司 咖啡、紅酒、加工肉品等

「小小的腦袋瓜裡，彷彿有大象在跳舞。」

怎樣的頭痛可以症狀治療？

頭痛可分為原發性和次發性兩種。大多數是無害的「原發性頭痛」，依發作的位置、疼痛的時間、頻率、伴隨症狀等，可分為伴隨肌肉痠痛的「張力性頭痛」、單側搏動性的「偏頭痛」及從眼眶先痛的「叢發性頭痛」等三種類型。

引發原發性頭痛的因子，包括壓力、焦慮、急性青光眼、長時間用眼、感冒等。一般需要多休息、放鬆心情、按摩、調整飲食，或服用藥物來緩解疼痛。

> 除了少數危險性頭痛，大部分的頭痛是原發性且不會致命，但經常被低估，也可能引起失能。

> 當頭痛變得頻繁或是嚴重影響生活品質，不要忍耐或一直使用止痛藥。藉由區分頭痛的種類，適當的治療與生活調整，才能改善生活品質。

腦神經內科 林志豪醫師

什麼是次發性頭痛？

次發性頭痛是由潛在疾病引發的頭痛，需要擔心的情況包括腦中風、顱內動脈瘤、腦膜炎等。除了頭痛之外，若出現發燒、頸部僵硬、手腳無力等情況，務必立刻送醫。

［建議科別］神經內科

關於 頭暈 該知道的 3 件事
(Dizziness / Vertigo)

頭暈有四種類型，根據不同類型看對科別，才能解決問題

1. 四種類型	眩暈：天旋地轉的感覺，伴隨噁心、嘔吐 → 耳鼻喉科 近昏厥：眼前發黑，彷彿快失去意識 → 心臟內科 單純頭暈：不會天旋地轉，只是昏昏脹脹 不平衡：走路不穩，有如行走於吊橋 → 神經內科
2. 常見的 眩暈疾病	耳石脫落症 （良性陣發性姿勢性眩暈） 天旋地轉一分鐘以內改善 好發女性及 60 歲以上長者 治療：耳石復位術、藥物 梅尼爾氏症 天旋地轉、耳鳴、聽力減損 沒有誘發因子（如轉頭、換姿勢） 治療：藥物
3. 預防頭暈	避免劇烈晃動、突然改變姿勢 適度運動，紓解壓力 維持規律生活、避免咖啡因及酒精

「令人暈頭轉向的，除了愛情，還有這些毛病！」

頭好暈！會不會是中風的前兆？

中風引發頭暈不是不可能，但比例相當低，只有極少數的頭暈是由腦幹中風引起，若感覺超暈、超不舒服，還是去掛個急診吧。

> 唉，眩暈症又發作了……

> 欸不是……是地震，快躲啊！

神經內科

神經外科

精神科

頭暈分為哪些類型？

「眩暈」、「近昏厥」、「單純頭暈」、「不平衡」等四種狀況，都經常被敘述為頭暈，但可能要求助不同的科別，才能對症下藥。

「眩暈」最常見，令人感覺房間在旋轉，可能伴隨噁心及嘔吐，常見疾病為「耳石脫落症」、「梅尼爾氏症」、「前庭神經炎」等。
→ 耳鼻喉科

「近昏厥」白話文就是：差點昏倒但沒有真的失去意識，最常見「姿勢性低血壓」，像「心律不整」、「心臟瓣膜疾病」也會近昏厥。→ 心臟內科檢查

排除上述兩者，「單純頭暈」是頭部悶悶沈沈、頭重腳輕。「不平衡」為走路不穩、身體無法平衡，需檢查周邊神經、腦部機能或四肢肌肉是否有問題。→ 神經內科

［建議科別］耳鼻喉科、心臟內科、神經內科

關於 失智症 該知道的 4 件事
(Dementia)

有一些失智症患者被當作老番癲、老頑固，忽略了就醫
其實失智症是疾病，而非正常老化現象

1.三種類型	退化性（60%）： 阿茲海默症、路易氏體型、額顳葉型 血管性： 中風後或小血管阻塞 其他： 缺乏維生素 B12 或葉酸、腦瘤 藥物、梅毒、頭部外傷、酗酒等
2.功能受損	不會使用家電、不會洗澡 忘東忘西、語言退化、迷路 幻覺、妄想、猶豫、易怒 失智與老化的不同 老化：忘記部分事情，提醒會想起來 失智：忘記整件事情，提醒也沒用
3.危險因子	高齡 家族病史 女性略多 三高或中風病史
4.預防 & 治療	動腦活動　　移除病因 保持社交　　藥物治療 控制三高　　規律運動

「老是忘東忘西，是健忘還是失智症？」

是不是人老了都會失智？

不盡然，「老化」和「失智」不相同，前者會忘記部分事情，經旁人提醒便會回想起來。而後者是疾病，徹底忘記整件事情，經提醒還是想不起來。失智症的病程平均 8-10 年，是腦部神經元出現病變，造成認知功能衰退甚至喪失。

> 都不必擔心
> 這傢伙會失智～

失智症的症狀只有失憶嗎？

除了記憶力喪失之外，失智症還有許多功能退化的症狀，如突然不會使用家電、不知道怎麼洗澡、話不知道怎麼講、容易迷路等。患者為了掩飾病情，也可能出現妄想、猶豫不決、暴躁易怒等情緒。

失智症分為哪些類型？

1. 退化性失智症：約佔失智症的六成病因，最大宗為阿茲海默症，其次為路易氏體失智症、額顳葉型失智症、巴金森氏症、亨丁頓氏病等。
2. 血管性失智症：發生腦中風導致失智症。
3. 其他病因：缺乏某些營養素或其他疾病導致。

[建議科別] 神經內科、精神科

關於 暈厥 該知道的 3 件事
(Syncope)

腦部血流短暫中斷，突發性失去意識和肌肉張力喪失
未經任何治療，數秒之後自行恢復意識

1. 三種類型	神經性暈厥 迷走神經刺激：久站、腹瀉、疼痛、暈針 心因性暈厥 心律不整、瓣膜狹窄、心臟衰竭或心肌梗塞 姿勢性低血壓 可能為藥物引發，如降血壓藥、攝護腺藥等 （癲癇不是暈厥，但某些癲癇也會失去意識 昏倒前會有前兆：抽搐、吐白沫、眼上吊）
2. 重要病史	有無前兆：發黑、耳鳴、頭暈、心悸、冷汗 發作前在做什麼、暈倒多久、有無抽搐等
3. 預防之道	大多不需治療 重點預防發作 識別前兆症狀 盡快坐下休息 解決心臟疾病 減少誘發因子 調整現正用藥

「暈厥就是全世界一瞬間都離你而去的感覺。」

阿毛當兵時有一次部隊演習，餓著肚子坐了兩個小時，聽到解除警報的廣播聲，高興地一躍而起，卻整個人倒下去，頭部著地，幸好頭盔護著沒受傷。

我馬上清醒過來，明明是演習，怎麼會遭遇敵襲呢？才想到應該是發生了暈厥，原因是姿勢性低血壓。

> 我每次看到薪水條就會暈厥……
>
> 你說該怎麼辦呢，院長？

神經內科 神經外科 精神科

為何會發生暈厥？
暈厥就是突然失去意識，並於短時間內清醒。大腦血流只要被阻斷 6-8 秒，就可能造成意識喪失。

暈厥會反覆發作嗎？
大部分暈厥並不會反覆發作，但最怕造成意外傷害，小至擦傷、大至骨折、腦出血，甚至是交通事故，致使他人受傷。

反覆發作的暈厥有什麼病因？
大致分為心因性及非心因性兩類。懷疑為心因性，可至心臟科安排心臟超音波或 24 小時心電圖；若不像心因性，應至腦神經內科，安排腦部影像檢查、腦波或頸動脈超音波等。
服用降血壓藥或攝護腺藥的患者，要留意姿勢性低血壓。

[建議科別] 神經內科、心臟內科

關於 頭部外傷 該知道的 3 件事
(Head injury)

意外發生後需密切觀察 72 小時
若有意識模糊、劇烈嘔吐或肢體無力，必須立刻送醫

---

1. 可能傷害

頭部撕裂傷：頭皮、肌肉撕裂
若有出血通常需要縫合

腦震盪、腦挫傷、顱內出血：
需住院觀察或手術治療

安靜休養、頭部墊高
每數小時測試清醒度
起身動作慢以免頭暈

保持排便通暢，勿用力解便
避免喝酒、抽菸、刺激性食物

2. 照護原則

暫停安眠鎮靜藥以免誤判病情
暫停抗血小板或抗凝血藥物以免造成出血

---

3. 危險徵兆

2 個月內要留意：

意識變差、昏睡
劇烈頭痛、嘔吐
肢體無力、抽搐
視力模糊、複視
呼吸急促
眼眶瘀青

「電腦斷層沒事不能完全放心，回家還需觀察 72 小時！」

哪些族群好發頭部外傷？
頭部外傷好發於兩個族群，第一個高峰為 25-35 歲年輕人，他們通勤及活動量大，以發生車禍為主。第二個高峰在 60 歲以上，主要為行動不便的年長者，在家中浴室摔倒。以性別而言，男性為女性的三倍。

頭部外傷除了造成短期傷害，有些續發疾病會在一段時間後表現，

例如老年人較常見的慢性硬膜下出血、嚴重頭部外傷後的癲癇或憂鬱症等，需持續注意。

神經外科 廖致翔醫師

如何研判頭部外傷的傷勢？
聽到病人發生跌倒，醫生一定會問：「有沒有撞到頭？」有撞到頭就接著問：「有沒有昏過去？」發生昏迷表示撞擊力道大，產生嚴重併發症的機會也大。急診醫師會視情況安排腦部電腦斷層，確認沒有腦出血才進行傷口縫合。

電腦斷層沒發現出血，就可以放心了嗎？
即便檢查結果沒出血，回家後仍要密切觀察 72 小時，每隔數小時檢查患者清醒度，留意危險徵兆，大部分腦出血會在撞擊後 72 小時內發生。
延遲性的腦出血，最晚於數周或 1-2 個月內仍有可能發生。

［建議科別］急診科、神經外科

神經內科
神經外科
精神科

關於 失眠症 該知道的 4 件事
(Insomnia)

1. 三種類型

入睡困難：就寢時間難以入眠
半夜醒來：半夜醒來，難再入眠
清晨早醒：清晨醒來，難再入眠

失眠會造成白天嗜睡、煩躁
憂鬱、頭痛、胃腸不適
注意力和記憶力變差

2. 加重因子

高齡
電子藍光
壓力、焦慮
內科疾病
飲食：咖啡因 / 尼古丁 / 酒精 / 睡前吃太飽
藥物：利尿劑 / 類固醇 / 鼻塞藥 / 氣喘藥

3. 睡眠衛生

定時起床（不論睡了多久）

白日：增加運動量
　　　曬太陽、避免小睡

夜間：不劇烈運動
　　　若睡不著，起床溫和活動

4. 藥物治療

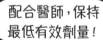

配合醫師，保持
最低有效劑量！

BZD 安眠藥
非 BZD 安眠藥
抗組織胺
抗憂鬱劑

「數完綿羊還是睡不著，接著該數什麼？」

> 偶爾失眠不用緊張，
> 通常是因為作息、壓力、咖啡、茶等，
> 或燈光、聲音、手機藍光等外力影響。
> 練習放鬆身體和心理，或練習呼吸
> 是很不錯的，必要時再考慮
> 搭配藥物。

林子堯（雷亞）
雷亞診所身心專科醫師

人需要睡多久才足夠？

每個人需要的睡眠時間不同，拿破崙每晚只睡三、四個小時，就能精神奕奕東征西討。大部分的成年人則需睡 7-9 個小時，才能維持隔日精神正常。

為何現代人容易失眠？

現代生活壓力大、步調快，加上手機和通訊軟體發達，常在睡前還為各種公事私事煩心，思緒持續轉動，自然加重了失眠的情況。

若睡覺時一直想「我一定要睡 8 個小時才會飽」，或是「如果不趕快睡著，明天一定很沒精神」，腦袋沒辦法平靜，焦慮感對身體帶來的影響甚至大於失眠本身。

應該轉換想法，不見得少睡一兩個小時就會有驚天動地的差別，自己一樣能表現正常，保持平常心看待。睡不著不要勉強躺著，可以起身動一動，等待睡意降臨再回去睡。

該如何選擇安眠藥？

安眠藥有分長效短效，副作用各有不同，根據不同的失眠類型有不同考量，勿拿他人的安眠藥來服用，不但睡眠沒改善，反而帶來副作用和藥物成癮的問題。

[建議科別] 精神科

關於 憂鬱疾患 該知道的 4 件事
(Depressive disorder)

1. 憂鬱情緒 ≠ 憂鬱症

憂鬱情緒
大部分人都經歷過
的情緒,包括低落、
不愉快、挫折等
常與壓力事件有關

憂鬱症
負面情緒持續太久
影響日常功能,就可能
是憂鬱症。
分為輕鬱和重鬱
總盛行率 20-25%

2. 致病因素

社會心理因素
個人性格、童年環境、
失親失戀失業、慢性疾病

生理因素 (可能遺傳)
腦內物質失調:單胺類、
血清素、正腎上腺素等

3. 診斷重鬱

9 項出現 5 項
必有 1 或 2
持續 > 2 周

①情緒低落②興趣減退
③體重或胃口改變
④嗜睡或失眠⑤動作遲緩
⑥易累無活力
⑦無價值感或罪惡感
⑧注意力低下⑨自殺意念

4. 三種治療

藥物治療:抗憂鬱劑
心理治療:認知治療
行為治療、社會支持
其他治療:電痙攣
穿顱磁刺激、照光治療

「憂鬱情緒人人有，憂鬱症才是真的疾病！」

憂鬱症常見嗎？

「憂鬱疾患」或稱「憂鬱症」，其實相當常見，只是很多人不自覺、不想承認或抗拒治療。相較於美國憂鬱症終生盛行率16.2%，台灣人憂鬱症終生盛行率只有1.2%，並非是國人體質好，而是國人較不願承認自己有憂鬱症，不和親友討論也忌諱就醫，因此錯失治療的機會，生活品質低落甚至做出輕生舉動，其實相當可惜。

「憂鬱情緒」就是「憂鬱症」嗎？

不是喔！憂鬱情緒是面對生活壓力或重大挫折所產生的正常心理反應。而憂鬱症是一種疾病，由於腦內單胺類物質分泌失調，引起種種憂鬱症狀持續大於2周，儘管壓力事件已解除，心情仍無法好轉，甚至更差。

憂鬱症能夠治療嗎？

是疾病就有治療的方法，藥物治療配合心理治療，能讓大部分個案獲得改善，關鍵在於踏出那一步，找人求助，自己並非抗壓性不足，而是需要專業治療與親友的陪伴。

罹患憂鬱症不是丟臉的事，只是大腦調控情緒機制出了差錯。

一定要盡快就醫，配合藥物或心理治療，調整生活。在親友的支持與陪伴下，不但可以緩解，甚至有機會復原！

陳志恆心理諮商師
同名臉書 / 暢銷作家

[建議科別] 精神科、心理師

神經內科　神經外科　精神科

卡哇醫團隊成員

比特院長

卡哇醫院的創辦人，艾莉的外公
座右銘：健康就是財富
　　　（維持你的健康，增加我的財富）

最愛的事：數錢

專業：◆◆◆

親切：◆

創意：◆◆◆◆

感染科

關於 發燒 該知道的 5 件事
(Fever)

1. 發燒定義 **（僅指成人）**	一般定義為肛溫、耳溫超過 38°C 或腋、額、口溫超過 37.5°C
2. 發燒原因	大部分是感染症，常見病原： 病毒、細菌、寄生蟲、黴菌、結核 其他原因如自體免疫疾病、熱中暑 荷爾蒙失調、藥物反應、癌症等
2. 發燒原因	若體溫不超過 38°C，精神及食慾尚可 可多休息、大量喝水、服藥緩解不適 泡溫水澡，用退熱貼或溼毛巾敷額頭 若有肝腎疾病、糖尿病、免疫疾病等 → 發燒應積極就醫
4. 危險徵兆	體溫超過 39°C 嗜睡、嚴重頭痛 畏光、持續嘔吐 抽搐、不明皮疹 胸痛、呼吸困難 
5. 告知 TOCC	旅遊 Travel、職業暴露 Occupation 群聚 Contact、接觸史 Cluster 其他：蚊蟲叮咬、現正用藥、慢性疾病等

我體溫才 33 度，是不是快出事了？

是額溫槍太爛了……

「發燒勿等閒視之，身體的星星之火也足以燎原！」

高燒會不會燒壞腦袋？

發燒是一種保護機制，表示身體正在發炎或對抗感染。除非是腦炎或腦膜炎，病菌會侵犯腦部造成受損，一般高燒該擔心的不是燒壞腦袋，而是發燒背後的原因。

幾度以上才算是發燒？

人類這種恆溫動物的正常體溫在 36-37℃之間，「肛溫」及「耳溫」較接近核心溫度，較為準確，超過 38℃就是發燒。而「腋溫」、「額溫」、「口溫」量起來會稍低一些，也較不準確，超過 37.5℃就是發燒。

發燒時該怎麼辦？

若燒超過 39℃，或合併血壓降低、意識不清、呼吸喘、胸痛、四肢瘀青、劇烈頭痛等危險徵兆，應立即送醫。若沒有這些危險徵兆，精神食慾尚可，可先吃退燒藥（普拿疼或消炎藥 NSAID）或症狀治療。多休息、多喝水，免疫力健全的人，大部分發燒都能在 2-3 天內退去。

[建議科別] 一般內科、急診科、感染科

關於 流行性感冒 該知道的 4 件事
(Influenza)

1. 症狀描述

高燒畏寒、頭痛、酸痛、上呼吸道症狀
症狀近似普通感冒，但更加高燒或虛弱
病毒性肺炎或次發細菌肺炎有死亡風險

2. 病毒資訊

空氣或飛沫傳播
潛伏期約 2 天

A 型人畜共通，且致病力強
根據病毒表面蛋白區分亞型

B 型只感染人類，致病力較弱

3. 預防 & 治療

勤洗手
戴口罩
打疫苗

抗病毒藥：
注射、口服、吸入

4. 流感疫苗

WHO 會預測隔年流行的病毒株以製作疫苗

高風險族群應積極施打：
孩童、老人、照護工作者、慢性病患者

對蛋過敏者應選用不含蛋成分的疫苗

「流行性感冒曾造成比新冠肺炎更大的災難，不可輕忽！」

流行性感冒有那麼嚴重嗎？

流行性感冒簡稱「流感」或「季節流感」，20世紀曾發生至少三次大流行，包括1918年西班牙流感、1958年亞洲流感以及1968年香港流感，死亡人數皆超過百萬。

什麼時節會有流行性感冒？

每當氣溫開始下降，代表流感即將開始流行，每年12月底至隔年2-3月是流行高峰期。

太悲催了吧……

我唯一趕得上的流行……

就是流行性感冒！

打疫苗有什麼需要知道的事？

目前的流感疫苗皆為四價疫苗，世界衛生組織（WHO）每年會預測該年度的流行病毒株，選出A型B型各2株，各廠以此製作疫苗。疫苗接種2周後才能產生保護力，符合公費資格應積極接種，未符合資格可考慮自費接種，保護自己也保護家人。

打流感疫苗會不會過敏？

台灣國光疫苗、德國葛蘭素、法國賽諾菲等，都是用雞胚培養的疫苗，對蛋過敏者不適合施打，應選用不含蛋成分的廠牌，如東洋藥廠的細胞培養流感疫苗。

［建議科別］家醫科、一般內科

關於 休克 該知道的 4 件事
(Shock)

1. 休克定義

器官血液灌注不足,導致各種功能異常
並非血壓太低就是休克

2. 休克種類

低血容性休克:嚴重出血或體液大量流失

心因性休克:心臟疾病導致輸出量下降

分布失調性休克:細菌感染(敗血症)、
　　　　　　　　藥物食物過敏、蜜蜂叮咬過敏

神經性休克:脊髓損傷

阻塞性休克:心臟受到壓迫或大血管阻塞

3. 症狀一覽

冷汗、蒼白

焦躁不安

意識不清

脈搏快、血壓低

尿量減少

4. 治療方式

自救:平躺、保暖、暢通呼吸道、等待送醫

醫院:去除病因、補充血容量、使用升壓劑

「血液視作金流，資金周轉不靈令身體罷工，就是休克。」

休克就是低血壓嗎？
不全然是喔！正確的醫學定義，休克是「有效循環血量減少，導致組織氧氣供應不足」的一種狀態。

哪些原因會造成休克？
1. 低血容性休克（現金流失）：如消化道出血或外傷出血。
2. 心因性休克（發不出薪水）：如嚴重心肌梗塞及心律不整。
3. 分布失調性休克（金流被不當挪用）：如細菌感染引起的「敗血性休克」、藥物食物或蜜蜂叮咬引起「過敏性休克」。
4. 阻塞性休克（金流遭到限制）：如心包填塞、肺動脈栓塞、張力性氣胸等。

休克會有什麼症狀？
臉色蒼白、皮膚濕冷、血壓下降、心跳加快、尿量減少、煩躁不安或失去意識等。（工人領不到薪水，開始鬧罷工。）

發生休克時，該如何自救？
令患者平躺，頭偏向一側，保持呼吸道暢通，墊高腳部促進下肢回流，趕緊送醫。

[建議科別] 急診科

感染科

關於 登革熱 該知道的 4 件事
(Dengue fever)

登革熱病毒引起的急性傳染病，又名「天狗熱」或「斷骨熱」
經由埃及斑蚊、白線斑蚊傳播，叮咬後潛伏期 5-8 天

1.四型病毒

登革熱病毒分為四種血清型
第 2 型最容易發生登革出血熱

感染過某一型病毒，會對該型終身免疫
但仍會感染其他型

2.症狀描述

典型：高燒、後眼窩痛、骨頭奇痛、紅疹
重症：出血、多重器官衰竭、休克及死亡

3.治療方式

缺乏有效治療手段

大量補充體液
等待自行康復

使用蚊帳隔離以斷絕傳播

4.清除病媒

巡視室內外會積水的容器

倒掉積水，丟棄不要的器物

清潔使用中的器具，將其倒置

刷洗去除蟲卵、孑孓

「這場人蚊戰爭，不是蚊子死就是人類亡。」

登革熱如何傳播？

登革熱病毒主要靠埃及斑蚊和白線斑蚊傳播，集中在熱帶及亞熱帶國家。像台灣這樣有點熱又有點溼的環境，正是蚊子最舒適的生長環境。

哪些地方容易滋生蚊子？

每到雨季，應經常巡視積水（冷氣機底盤、花盆底盤、水桶、廢棄輪胎、垃圾瓶罐等）。將器具丟棄或倒置，貯水器皿加蓋，或將蟲卵、孑孓洗刷乾淨。

登革熱有哪些症狀？如何治療？

登革熱早期症狀與感冒相似，高燒、嚴重頭痛、眼窩或關節疼痛，發燒 3 天後可能出現紅疹。大部分登革熱個案為輕症，可自行痊癒。

少數患者會變成重症「登革出血熱」或「登革休克症候群」，會有出血症狀如皮膚瘀斑、流鼻血或牙齦出血、胃腸出血等，最嚴重將導致休克及死亡。

目前沒有治療登革熱的藥物，僅能症狀治療，補充體液以確保血液循環系統正常運作，隨時留意出血症狀。

感染科

人類被蚊子咬死？
逗我吧？哈哈～

大王，您這樣
有失威嚴……

[建議科別] 急診科、感染科

該知道的 6 種類型 成人疫苗
(Adult vaccination)

所有成人疫苗,應視個人生活及工作風險考慮接種
特別是年長、免疫力低下、有慢性疾病者

1. 肺炎鏈球菌

降低社區型肺炎的感染風險及嚴重度
分為 13 價(保護力較佳)及 23 價兩種
間隔 5-10 年可再次接種

2. 季節流感

減少流行性感冒以及次發性肺炎
每年 10 月定期接種
符合公費資格或高風群應積極接種

3. 人類乳突病毒 (HPV)

16-26 歲男女皆可打,總共 3 劑
預防子宮頸癌、陰莖癌及肛門癌
本人或伴侶性經驗複雜,應考慮施打

4. B 型肝炎 (HBV)

若工作場合會接觸血液製劑
先檢驗 B 肝病毒抗體量,無抗體者應施打

5. 帶狀皰疹

帶狀皰疹與水痘為同種病毒
兩者各有疫苗可接種

6. 新冠肺炎

視感染風險及出國
當地狀況選擇疫苗廠牌
每隔一段時間追加注射

「帶爸爸去打疫苗了嗎？你沒聽錯～大人也要打疫苗喔！」

隨著年紀增長，老年人器官功能與免疫系統逐漸衰退，使得長者更容易被感染，一旦被感染也較容易演變為重症甚至死亡。

成人疫苗施打的目的為何？
1. 幼兒時未曾接種，或雖然接種過，但抗體已經消失或當時沒產生抗體。
2. 有些疾病不會對幼兒造成太大的影響，卻能對成人造成嚴重後果。
3. 打算出國至某些疾病流行的區域。

什麼是類乳突病毒（HPV）疫苗？
HPV 病毒可造成尖銳濕疣（俗稱「菜花」），以及女性子宮頸癌、男性陰莖癌。HPV 疫苗需注射 3 劑，除了女性能施打，男性也能施打，除了避免自己得到菜花及陰莖癌，也能保護性伴侶。

[建議科別] 一般內科、家醫科

關於 貓狗咬傷 該知道的 4 件事
(Cat and dog bite)

貓狗的牙齒和爪子帶有細菌

被咬傷或抓傷需留意破傷風、貓抓病及狂犬病

1 . 處置步驟
若傷口深，壓迫止血後盡速帶去醫院
若傷口淺，先擠出髒血
生理食鹽水洗淨傷口，用優碘消毒
去醫院施打破傷風疫苗及抗生素治療

2 . 破傷風
國小學童有打過疫苗，不必再度施打
15 歲以上且 5-10 年內未接種過或不確定
需施打破傷風疫苗

3 . 貓抓病
致病原：巴通氏菌
高危族群：兒童、老人與免疫力低下的人
潛伏期：3-10 天
症狀：發燒、咬傷部位紅色丘疹
治療：會自行痊癒，或使用抗生素縮短療程

4 . 狂犬病
城市貓狗極少帶原，留意山間鼬獾、白鼻心
致病原：狂犬病病毒
潛伏期：1-3 個月
症狀：發燒、肌肉痙攣、恐水現象
治療：注射人類免疫球蛋白

「被狗咬傷不必擔心狂犬病！該擔心的反而是……」

和毛小孩玩耍，不慎被咬一口或抓一口該怎麼辦？
被動物咬抓傷，除了物理傷害（肌腱、骨頭和神經受損），由於
動物的牙齒爪子帶有細菌和病毒，所以一定要留意傷口感染的問
題。
受傷的第一時間，一定要清潔傷口，可試著擠出一些髒血，盡快
以無菌生理食鹽水灌洗傷口，再用優碘進行殺菌。傷口太深便需
送醫。

好了，
我不生氣了
……

我還是很愛
你們的啦！

被狗咬傷要不要打狂犬病疫苗？
不需要打狂犬病疫苗，一般城市貓狗已極少帶原狂犬病。但建議
要施打破傷風疫苗。
此外，狗是雜食性，嘴巴裡的細菌較複雜，若傷口見血，建議服
用抗生素，減低發生細菌感染的機會。

被貓咬傷又該注意什麼？
若受傷幾天後出現發燒，或患處發生紅色丘疹，當心可能是「貓
抓病」。免疫功能正常大部分能自行痊癒，免疫不全的患者得用
抗生素治療。

[建議科別] 一般內科、家醫科、感染科

感染科

關於 新冠肺炎 該知道的 4 件事
(COVID-19)

1 . 病毒檔案

起源於 2019 年，屬於冠狀病毒
全球感染逾 5 億人次，逾 600 萬人死亡
全球平均死亡率：1.2%
潛伏期：可長達兩周
可傳染期：發病前 2 日至發病後 10 日
篩檢方式：抗原快篩、病毒量 PCR

2 . 感染症狀

最多為無症狀
發燒、類似感冒、肌肉酸痛、嗅味覺異常
快樂缺氧：無症狀，血氧濃度卻 < 90%
嚴重肺炎：氣體交換困難導致器官衰竭

3 . 變種病毒

原始病毒株：R0 值為 2
Alpha 變異：R0 值為 5
Delta 變異：R0 值為 7
Omicron 變異：R0 值為 10

（R0 值：無防護下，一位患者會傳播的人數）

4 . 預防之道

戴口罩、勤洗手、隔板、社交距離

疫苗：目的為防止重症而非感染

抗病毒藥：在疾病初期投予，效果較佳

「一場疫情，讓人類同時感受到生命的脆弱與堅強。」

高變異力

短短不到三年，病毒從原始株變異成 Alpha、Delta，再變異成 Omicron，才對前一種病毒株開發出疫苗，達到一定程度覆蓋率以為可以集體免疫時，又出現了 Omicron 病毒株，還能「免疫逃逸」令已有的抗體防護效果大打折扣。

高傳染力

R0 值代表「無防護力且無防護措施的地區，一位確診者可傳染的人數」，對特定病毒株而言是定值。而 Rt 值代表「某一時間點某一區域的 R 值」，會時刻變動。比較病毒株傳染力高低應看 R0 值，從原始株的 R0 值 2，一直到 Omicron 的 R0 值 10，若沒有疫苗與各種防疫措施，可能全人類已經被感染過一遍了。

疫情至今，多數民眾打過疫苗，也有了口服藥，Omicron 雖是弱化的病毒，不能把它當成感冒輕忽，但也不需恐慌。

防疫心態可以輕鬆，但作為不能放鬆。穩穩走下去。我們會見到隧道盡頭的曙光！

林氏璧醫師
前台大感染科 / 日本自助旅遊中毒者

為何低致死率反而可怕？

相較於 SARS 致死率約 10%，COVID-19 的 1.2% 致死率不算高，不輕易殺死宿主，就有了傳播的機會，許多國家最初都輕忽了，不戴口罩群聚的結果，才造成了世界大流行。

[建議科別] 急診科、感染科

感染科

罐裝咖啡　泡麵

關於 減重飲食 該知道的 4 件事
(On a diet)

1. 核心觀念

少吃 7700 大卡
可減一公斤脂肪

但需留意幾點：
1. 熱量難以精準計算
2. 體重減輕，熱量消耗也會降低
3. 減少脂肪的同時也會減到肌肉

2. 多蛋白質

豆魚蛋肉

獲得飽足

維持肌肉

減重者，每日所需蛋白份數＝體重除以 4

＊不適用重勞動者及腎臟病患者

3. 少精緻醣

飯量減半
少吃零食
飲料無糖

醣：全穀雜糧類，水果及乳製品含有的營養
糖：單醣或雙醣類，有甜味，為減重之大忌

4. 其他心法

盡量在白天進食

慢慢咀嚼，產生飽足感

將要吃的量先盛入餐盤

喝水充足，每公斤體重 30-40cc ／ 每日

「減重的目的不是減輕重量，是要維持健康的自己！」

該如何減重？

關於減重瘦身的主題，足以寫出無數暢銷書籍，撐起許多瘦身課程、社團、健身房、食品及藥品，商機無限，其中的學問絕非三言兩語說得完。

「減重 8 成靠飲食，2 成靠運動。」只要能好好控制熱量，就算沒時間運動也能逐漸瘦下來。但絕非一味少吃或挨餓，當心沒變瘦反而傷身，即使瘦下來也很容易復胖。別忘了，維持身體健康與美觀才是減重的目的，而不是體重計數字。

減重飲食的原則為何？

把握「低熱量」、「營養均衡」、「獲得飽足感」等原則：

1. 多吃蛋白質：確保營養也維持肌肉量，每日建議的蛋白質分量為「體重除以 4」份，每份蛋白質約為一掌心大小，依豆 → 魚 → 蛋 → 肉的順序做選擇。

2. 少吃精緻醣分，它們不但熱量高，且低營養價值。

3. 多喝開水，蔬菜比水果多，吃飯速度放慢。

很多人急於減重，容易被流行飲食法或減重產品吸引，結果不是沒效、就是容易復胖。

掌握減重飲食的基本原則，養成健康的生活型態，是保持健康體重的不二法門！

蔡明劼醫師
內分泌新陳代謝專科 / 蔡醫師瘦身社團創辦人

關於 減重治療 該知道的 4 件事
(Lose weight)

1.核心觀念	減重沒有捷徑，首重飲食控制，次重運動 減重雞尾酒療法有許多副作用，並不安全 可經由醫師評估，使用 FDA 核准的藥物 重度肥胖（BMI > 35）可考慮侵入性治療

2.雞尾酒療法 FDA 未核准

抑制食慾	增加耗能 / 排洩
某些抗憂鬱劑：嗜睡	麻黃素、氣管擴張劑：心悸、失眠、高血壓
口服血糖藥：腸胃不適 乳酸中毒（腎病者）	甲狀腺素：甲狀腺亢進
諾美婷：已全面停用	緩瀉劑、利尿劑：脫水及電解質失衡

3.FDA 核准 的減重藥物

GLP-1 促效劑（皮下注射）
抑制食慾、延緩胃排空
副作用：腸胃不適

胰脂酶抑制劑（口服）
減少腸道吸收脂肪
副作用：油便、脹氣、缺乏脂溶性維生素

4.侵入性治療

胃內水球　　　胃繞道　　　胃縮小　　　胃束帶

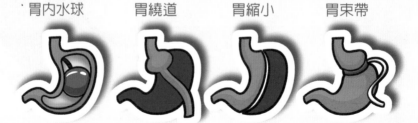

為了減重，
獻上你的荷包吧！

……

「天下沒有白吃的午餐，也沒有無代價的減重。」

一直以來，減重治療都有其市場，努力過了仍瘦不下來，只好忍痛和錢錢說抱歉。大致來說有三種治療方式：

減重雞尾酒療法
併用多種藥物，有的抑制食慾，有的增加身體耗能或排洩，無所不用其極以達到減重目的，但這些藥物都不是 FDA 核准的減重用途，各自有其副作用，只怕減重未成反傷身，並不推薦。

合法減重藥物
現今最夯，通過美國 FDA 減重用途的「腸泌素」學名「GLP-1 促效劑」（俗稱瘦瘦針／瘦瘦筆），延緩胃排空以抑制食慾，成效顯著且副作用少。
另一種合法藥物為胰脂酶抑制劑（商品名羅氏鮮），降低小腸對脂肪的吸收，常見副作用為解油便或會放油屁，外出時得多帶一條內褲。

侵入性療法
在胃裡放置水球，或接受胃繞道、胃縮小等手術，強制減少食量，這些治療只適用重度肥胖以上（BMI > 35）的患者。

[建議科別] 一般內科、減重外科

新陳代謝科

關於 減重運動 該知道的 4 件事
(Lose weight exercise)

1. 核心觀念

飲食控制佔減重 8 成效果，運動僅佔 2 成
不能單靠運動來減重

60 公斤的人慢跑 30 分鐘，約消耗 250 大卡
連一碗飯（280 大卡）都不到
若身體習慣了運動強度，消耗熱量甚至更少

2. 運動目的

美化體形

增肌減脂

後燃效應

增強心肺

3. 運動比例

時間比例：核心 2：有氧 1

重量訓練：爬樓梯、伏地挺身
抬腿、深蹲、彈力繩、啞鈴等

有氧運動：健走、慢跑、登山、游泳
有氧舞蹈、騎腳踏車、跳繩、健走等

4. 運動順序

先做重訓（核心運動），消耗肌肉肝醣
再做有氧運動，燃燒三酸甘油脂

「不運動的瘦身，會瘦得不漂亮不健康、也不持久。」

有些人飲食不節制，想只靠運動來減重，卻很容易發現體重沒有如預期般下降。證據顯示，僅靠運動減重的效果並不好。

相反來說，只靠節食的瘦身法，減去的體重可能是肌肉而非脂肪，反而增加了體脂肪比例，當心成為 BMI 標準卻體脂過高的「泡芙人」。

正確的減重還是得搭配飲食控制和運動，才能成功！

看～我上班也不忘記運動！

小心啊！

運動有什麼好處？
1. 美化體形：雕塑身材，美化身體曲線。
2. 增肌減脂：運動後攝入高蛋白質飲食，會促進合成肌肉，並消耗掉脂肪。
3. 後燃效應：不只運動當下會消耗熱量，運動結束後，身體基礎代謝率上升，依然會持續消耗熱量。
4. 增強心肺：別忘了，身體健康才是瘦身最本質的目的。

做哪一種運動效果最好？
單靠核心運動（重訓）或有氧運動，減重效果都不如兩者混搭來得好。重訓：有氧的時間比例約 2：1。順序上先做重訓再做有氧，執行起來較為容易。

我的餐盤 該有的 6 大類食物
(My plate)

1．每天早晚一杯奶	一杯 240cc 乳品 / 起司 / 優酪乳
2．每餐水果拳頭大	在地、當季、多樣化水果
3．菜比水果多一點	深色蔬菜佔 1 / 3 以上

4．飯跟蔬菜一樣多	至少 1 / 3 末精製全穀雜糧
5．豆魚蛋肉一掌心	優先順序豆＞海鮮＞蛋＞肉 避免加工肉品
6．堅果種子一茶匙	如杏仁果 5 粒 / 花生 10 粒 / 腰果 5 粒

「均衡飲食其實沒有你想得那麼難！」

什麼是「我的餐盤」？

我的餐盤是國民健康署 2018 年推出，分為全穀雜糧、豆魚蛋肉、蔬菜、水果、乳品及堅果種子等 6 個部分。油脂類在料理時添加於各菜色中，未再特別呈現。

遵行我的餐盤有什麼好處？

不論在家或外出用餐，按照口訣夾取適當的食物比例，就可以吃到均衡又充足的一餐。

外食族常吃便當或外賣，根本無從均衡起，建立正確觀念，有機會多攝取一些平日沒吃到的成分，以滿足身體需求。

遇過不少蔬菜吃不夠的個案，想用水果來取代，這是不可行的～水果的糖分比蔬菜高很多，吃過多也會有問題喔！

六大類食物各自有無可取代的營養價值，掌握健康餐盤的口訣，希望大家都能輕鬆做到均衡飲食～

營養麵包 呂孟凡營養師

選擇食材有什麼重點？

盡量選擇在地、原態、多樣化的食物，避免加工食品。蔬菜應有 1/3 以上深色蔬菜。主食不要全吃精緻澱粉（飯、麵、水餃、土司等），應有 1/3 以上原態澱粉（如南瓜、地瓜、糙米、玉米、芋頭等）。

[專家建議] 營養諮詢門診

新陳代謝科

關於 血糖控制 該知道的 3 件事
(Sugar control)

糖化血色素 HbA1c 目標 6.5-7（略有個人差異）
飲食運動為基本，藥物遵從醫師指示

1.飲食原則

先吃肉和菜，後吃飯
多一點蔬菜，少一點醣類（五穀根莖、水果）
多吃低升糖指數食物；少吃精緻澱粉
多吃蒸、煮，少吃炸、滷、燴

2.口服藥物

1. 無心腎風險，首選雙胍類 Metformin
   注意慢性腎臟病第四、五期不適用

2. 若有保護心臟和腎臟的需求
   優先使用排糖藥 SGLT2i

3. 其他後線藥物

3.皮下注射

腸泌素 GLP-1 促效劑：每日 1 針或每周 1 針
具保護心臟效果，FDA 核准用於減重治療

胰島素：保護胰臟，延長胰島細胞壽命
每日 1 針基礎胰島素，或每日 2-3 針靈活調整

控糖要早、要好、更要穩。
以糖友為中心的治療思維，
選擇適合的處方，兼顧控糖與
器官保護，遠離併發症。

飲食、運動、藥物、監測
樣樣都重要！配合醫療團隊規
律追蹤，切勿聽信偏方，
錯失治療的契機！

杜柏村醫師
瑞東診所（糖尿病健康促進機構）院長

「糖尿病真正的核心其實不是『糖尿』而是『糖血』。」

什麼是糖尿病？
隨著糖尿病患者人口數突破 200 萬，糖尿病已成為國病之一。
第一型糖尿病為「胰島素分泌不足」，佔約 5% 個案。
第二型糖尿病雖然胰島素分泌足夠，但周邊組織「胰島素作用低下」，佔 95% 以上比例。

為何糖尿病會有三多症狀？
胰島素作用不足，組織無法吸收糖分並轉換成熱量，因此雖然血糖不低，卻總是覺得餓。糖分超過腎臟的回收能力，就從尿中排出，造成利尿效果，並因此感到口渴。於是就出現「多吃、多喝、多尿」等三多症狀。

如何控制血糖？
血糖控制以調整飲食為根本，輔以藥物治療。隨著基礎胰島素、長效腸泌素、排糖藥等藥物相繼問世，令血糖波動更小，注射藥物的間隔更長，藥物副作用更少，還能保護心臟與腎臟，將來洗腎或心衰竭的比例也下降，實為糖友的福音！

[建議科別] 新陳代謝科、一般內科

新陳代謝科

關於 糖化血色素 該知道的 4 件事
(HbA1c)

1. 如何產生

紅血球 ＋ 葡萄糖 ＝ 糖化血色素
（血中高糖環境）

2. 如何判讀

A1c 代表三個月內血糖平均值

	正常	良好	尚可	不佳	極差

糖化血色素	4	5	6	7	8	9	10	11	12
對應血糖值	68	97	126	154	182	212	240	269	298

3. 相關併發症

腦血管病變（中風）
視網膜病變（青暝）
心臟病（心肌梗塞 / 心衰竭）
腎臟病（蛋白尿 / 洗腎）
性功能障礙（陽萎）
神經病變（傷口不癒 / 截肢）

4. 死亡風險

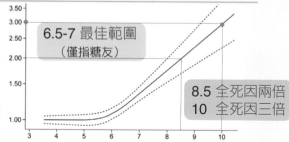

6.5-7 最佳範圍
（僅指糖友）

8.5 全死因兩倍
10 全死因三倍

「糖化血色素是對抗糖尿病的關鍵密碼。」

如何診斷糖尿病？

診斷糖尿病最重要的標準：「糖化血色素 HbA1c > 6.5%」，其他診斷工具如空腹血糖、隨機血糖或糖水試驗等，皆較容易產生偏差。

紅血球浸泡在高糖環境一段時間，才會形成 HbA1c。反映過去「三個月平均血糖狀況」，不會受到前幾天進食或抽血時間點等因素干擾。但 HbA1c 會受到貧血干擾，洗腎患者的紅血球壽命較短，容易低估實際的血糖平均值。

如何判讀 HbA1c 數值？

對無糖尿病的人來說，HbA1c 用於確診，低於 5.7 代表沒有血糖問題。數值介於 5.8-6.5 之間，可能處於糖尿病前期。大於 6.5 就確診為糖尿病，且一日糖尿病，終身糖尿病！

對於已經確診的糖友來說，HbA1c 代表血糖控制的情形。目標因人而異，請與你的醫師討論。一般而言，維持在 6.5-7 之間有較佳的長期預後，數值越高，併發症及死亡率都隨之上升。反之，數值太低時，較容易發生低血糖，反而造成危險，尤其是高齡的糖友，醫師通常會適度放寬控制標準。

[建議科別] 一般內科、新陳代謝科

新陳代謝科

關於 高血脂症 該知道的 3 件事
(Hyperlipidemia)

1. 疾病描述

平均每五個成年人，就有一個高血脂症

好膽固醇過少／壞膽固醇過高都是高血脂症

易引起心臟血管事件、中風或腎臟病

治療為飲食、減重、戒菸、運動、藥物

低密度脂蛋白（LDL／壞膽固醇）
心血管風險越高、有糖尿病或腎臟病
需將 LDL 壓得越低

高密度脂蛋白（HDL／好膽固醇）
會移除血管中的膽固醇，正常值 > 40mg/dl

2. 四項指標

三酸甘油脂（TG）
抽血前需禁食 12 小時，正常值 < 150mg/dl
與含糖飲料及甜食有關

總膽固醇（CHOL）
上述三項的總和（TG 值除以 5）
正常 < 200mg/dl

3. 飲食原則

應多吃：
含 ω-3 脂肪酸的秋刀魚、鮭魚
植物油（多元不飽和脂肪酸）
高纖食物或全穀類
清蒸、水煮、涼拌

宜少吃：
內臟、肥肉、動物皮
動物油（飽和脂肪酸）
精緻澱粉及含糖飲料
油煎、油炸

「不吃不健康的食物，拒絕做煎炸小人！」

血脂肪是什麼？

2/3 的血脂肪在肝臟合成，另 1/3 由食物中獲得。膽固醇是構成細胞膜的主要成分，以及用來合成荷爾蒙、維生素 D 與膽汁。

血脂肪分為哪些類型？

「總膽固醇」為血脂肪總和，可分成「低密度脂蛋白（LDL）」、「高密度脂蛋白（HDL）」、「三酸甘油脂（TG）」等三種。

LDL 是壞膽固醇，會導致動脈粥狀硬化，大部分指引將 LDL 視為頭號敵人，尤其是曾有過心血管事件，需將 LDL 值降得更低以減少再次心血管事件的機率。HDL 則是好膽固醇，會將血中多餘的膽固醇運送回肝臟，對心血管有保護作用。

飲食控制是第一步，
若無法改善到理想標準，
還是要配合醫師處方
用藥控制喔～

減重也是改善好膽固醇
和三酸甘油酯的
重要一步！

林彥安醫師
〈秒懂家醫科〉版主

關於三酸甘油酯

抽血前必須禁食 8 小時，否則會假性偏高。TG 過高除了會造成血管硬化，也會引起急性胰臟炎。想降低 TG 需減少甜食與含糖飲料，或者服藥控制。

[建議科別] 家醫科、一般內科

新陳代謝科

關於 痛風 該知道的 4 件事
(Gout)

1 . 高尿酸血症

無症狀高尿酸血症
血液尿酸偏高 > 7mg/dL

在關節結晶：
痛風性關節炎

在腎臟沉澱：
尿路結石

2 . 飲食建議

避免啤酒
避免含糖飲料

避免動物性普林：
紅肉（牛羊豬）、內臟
海鮮類、肉湯、火鍋湯

豆製品不會增加痛風
風險，請放心食用！
（台灣痛風指引）

3 . 痛風關節炎

關節急劇紅腫疼痛
最常見腳拇趾基部關節
次為手部、腳踝及膝蓋

4 . 治療＆預防

無症狀高尿酸血症：
尿酸 < 10 不需治療，> 10 請與醫生討論

急性痛風關節炎：
消炎藥 NSAID、秋水仙素、類固醇

痛風患者或有痛風石：
使用尿酸藥物，目標尿酸 < 6

「明明不是富人，卻會得到富人病？」

為何痛風被稱為富人病？
歷史上只有王公貴族會罹患痛風，故痛風被稱作「國王病」或「富人病」。隨著大眾飲食變得豐盛，痛風已相當普遍，以年長者及男性為多。

痛風如何形成？
單純尿酸值偏高（沒有關節炎或痛風石）稱為「無症狀高尿酸血症」。尿酸容易在溫度較低的關節處沉積，形成侵蝕關節的結晶。痛風性關節炎最好發腳大拇趾，造成紅、腫、熱、痛。此外，尿酸還會在腎臟形成腎結石。

趁富人病發作……
快去買樂透彩！

這傢伙已經
沒救了……

尿酸如何代謝？
身體會用糞便和尿液的形式將尿酸排出體外，而尿酸的源頭是普林，攝取太多高普林食物，或排除功能不好，尿酸就會累積。

痛風患者如何調整飲食？
「肉、海鮮、酒、果糖」為四大禁忌，少飲酒（尤其啤酒）與含糖飲料，避免動物性普林來源（海鮮、紅肉、內臟、火鍋、肉湯）。2016 年台灣痛風指引：豆製品並不會增加痛風機會，可以放心食用。

［建議科別］一般內科、風溼免疫科

新陳代謝科

關於 血壓測量 該知道的 4 件事
(Blood pressure measurement)

1.誰該量

血壓兩個數字分別為收縮壓／舒張壓
> 160 ／ 100 可能損害器官
> 140 ／ 90 符合高血壓定義，需考慮服藥
< 120 ／ 80 為正常血壓

正在調整藥物或血壓易波動者需要密切測量

2.哪裡量

盡量居家量測，在院所可能會白袍高血壓

要量血壓了，我好緊張喔…

你這樣不準啦……

3.何時量

７２２原則（請量量）

7：連續測量七天
2：每日兩次（早起與睡前）
2：隔一分鐘量兩次取平均

4.怎麼量

測前休息十分鐘

測前勿喝咖啡或茶

雙腳踩地，放鬆心情

手臂與心臟同高，切勿用力

「自己在家量血壓更準確，勝過醫生幫你量！」

平均每4人就有1位高血壓。但據統計，約有一半的高血壓患者沒有自覺，已患高血壓而不自知。

為什麼要在家量血壓？請醫護人員量不是更準嗎？

有些人看到身穿白袍的醫護人員，就不自覺緊張令血壓上升，俗稱「白袍高血壓」，用這個數值調整藥量會產生偏差。

什麼是「量血壓722原則」？

白天血壓通常較高，用以應付一整天的工作，晚上身體需要休息，血壓會自然降下來，到睡前降到最低。因此，在起床和睡前兩個時間點量血壓，可掌握血壓的最高點與最低點。

每次量測應「間隔一分鐘測量兩次算平均值」，連續執行七日並記錄在紙上。特別是新診斷的高血壓，或正在調整血壓藥物的患者，務必執行。

量血壓前要注意些什麼？

放鬆心情，安靜坐10分鐘以上再量。量血壓前半小時之內不要喝茶、咖啡、可樂或吃起司、抽菸等，刺激性物質或天氣太冷都會令血管收縮。

[建議科別]一般內科、家醫科

新陳代謝科

關於 血壓控制 該知道的 3 件事
(Blood pressure control)

1. 相關併發症

腦血管病變（中風）
眼病變（視網膜出血）
動脈病（主動脈剝離）
心臟病（心肌梗塞 / 心衰竭）
腎臟病（蛋白尿 / 洗腎）
周邊血管（硬化 / 阻塞）

2. 生活調整

不加班，早點回家

零碎時間多走路

多攝取高纖蔬果

減重、戒菸

每日吃鹽少於 6 公克

（＝鈉 2.4 公克）

3. 口服藥物

ACEI ／ ARB 類：保護心臟及腎臟首選

鈣離子阻斷劑：需留意頭痛、潮紅、水腫

乙型阻斷劑：會降心跳，需留意氣喘發作

甲型阻斷劑：可治療攝護腺肥大
　　　　　　留意姿勢性低血壓

利尿劑：需留意脫水及電解質失衡

血管擴張劑：非第一線用藥

「別再相信『我沒有不舒服所以血壓正常』這種鬼話了！」

血壓控制不良會死嗎？
會。台灣十大死因裡，與高血壓相關的疾病佔了半數以上，包括心臟病、中風、糖尿病、心臟病、高血壓以及腎臟病。

不加班竟能讓血壓較穩定？
美國研究發現，若每週工作超過 41 小時，得高血壓的風險會增加 15%，因為超時工作將沒時間吃健康食物和規律運動。

如何飲食才能照顧血壓？
最能控制血壓的飲食法「得舒飲食」，核心是多攝取水果、蔬菜、全穀類及不飽和脂肪酸，減少攝取高糖食物、飲料、紅肉及飽和脂肪酸。

吃甲尚好驚血壓高！鹽分該怎麼吃？
食品包裝通常標示「鈉」含量，而非「鹽」含量，把鈉含量乘以 2.5 就是鹽。台灣人每日平均攝取鹽 10 克。而高血壓患者每日攝取鹽分不宜超過 6 克（等於鈉 2.4 克），大約為一個米酒瓶蓋的量。

[建議科別] 心臟內科、腎臟科

新陳代謝科

甲狀腺機能異常 該懂的3件事
(Hyperthyroidism & Hypothyroidism)

甲狀腺亢進或低下皆好發年長者及女性（男性的5倍）

**1. 甲狀腺
機能亢進**

葛瑞夫氏症最常見

症狀：大脖子、眼球突出、體重減輕
怕熱、流汗、心悸、手抖、焦慮、失眠

最嚴重為甲狀腺風暴，可能致死

**2. 甲狀腺
機能低下**

橋本氏甲狀腺炎
甲狀腺切除或治療後
腦下垂體或下視丘異常

症狀：怕冷、肥胖、嗜睡
便秘、皮膚乾燥、憂鬱

3. 治療方式

機能亢進：
低碘飲食
抗甲狀腺藥物
放射碘治療
手術切除

機能低下：
補充甲狀腺素

「甲狀腺機能如同世間的道理：過猶不及。」

甲狀腺亢進是什麼病？

甲狀腺是內分泌器官，專門分泌甲狀腺素。甲狀腺亢進就是「甲狀腺素分泌過多」造成的全身症狀。最常見的病因為「葛瑞夫茲氏病」，是一種好發女性的自體免疫疾病。

甲狀腺亢進有什麼症狀？

患者會變得很怕熱，常誤以為是氣候變熱的關係。隨著症狀加重，會出現心跳變快、心悸、手抖、失眠、脾氣暴躁、呼吸急促、腹瀉、食慾增加卻體重減輕、眼球突出（金魚眼）等。

為什麼亢進和低下都好發在女生？不公平！

妳跟我抗議也沒用啊。

新陳代謝科

甲狀腺低下又是什麼疾病？

和亢進正好相反，甲狀腺低下就是「甲狀腺素分泌不足」的疾病，症狀也相反，包括肥胖、疲勞、怕冷、便秘、憂鬱等。與甲狀腺亢進唯一相似之處，就是甲狀腺低下同樣好發於女性。

「橋本氏甲狀腺炎」是甲狀腺低下最常見的病因。此外，甲狀腺亢進經過治療，也可能造成甲狀腺低下，需要補充甲狀腺素，定時抽血追蹤調整劑量。

［建議科別］新陳代謝科

關於 甲狀腺結節 該知道的 3 件事
(Thyroid nodule)

1. 疾病描述

盛行率很高，好發年長者及女性

最常見無症狀，或摸到脖子凸一塊
也可能做影像檢查偶然發現

結節九成以上為良性、僅少數為甲狀腺癌

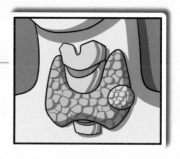

2. 檢查方式

抽血
甲狀腺功能
促甲狀腺激素
（TSH）

超音波
觀察結節大小、形狀及質地
邊緣不規則、有鈣化點，需當心惡性

穿刺
分辨細胞為良性或惡性

3. 治療方式

良性結節
→ 定期超音波追蹤

壓迫食道或氣管
或穿刺證實惡性
→ 手術切除

甲狀腺機能異常
→ 藥物治療為主

「如果脖子上掛著這顆是珍珠該有多好？」

什麼是結節？

結節可以是一顆空心水泡，也可以是一顆實心腫塊。

甲狀腺結節其實相當常見，它的基因位在 X 染色體上，而女性有兩條 X 染色體，所以患甲狀腺結節的機率也較高。

甲狀腺結節會有什麼症狀？

大部分結節並沒有症狀，許多人的結節終其一生未被發現，或是做健康檢查才偶然發現。

若結節長得比較大顆，脖子會凸起，外觀上就看得出來。長得更大時，可能壓迫到氣管、食道或喉返神經，導致吞嚥不順或聲音沙啞。

甲狀腺結節何時需要治療？

1. 抽血發現甲狀腺機能亢進
2. 體積太大壓迫到氣管或食道
3. 穿刺結果是惡性腫瘤

九成以上的結節是良性的，不需要特別治療，定期追蹤即可。但如果良性結節持續長大，變成癌細胞的機率就會增加，整體而言，甲狀腺癌的盛行率不到 1%，不必過度擔憂。

甲狀腺結節是很常見的問題，九成以上都是良性，大部分沒有症狀。

檢查以超音波最重要，除了大小之外，要注意形狀變化。除了外科切除，還有微創治療可以選擇！

鄭凱倫醫師《甲狀腺結節健康大解密》作者

新陳代謝科

[建議科別] 新陳代謝科、放射影像科

卡哇醫團隊成員

小門醫師

手比口快的直性子外科醫生
冷艷氣質吸引眾多追求者

老輝仔

遊戲人間老戲精，演啥像啥
歷屆金馬影帝都很慶幸他今年沒有報名

復健科
骨科

關於 肩頸酸痛 該知道的 3 件事
(Neck and shoulder pain)

現代人長期久坐工作，肩頸酸痛十分常見
大部分為肌肉緊繃僵硬，少數狀況才是較嚴重的疾病

1 . 預防之道　坐站姿端正，每小時起身活動
避免長時間低頭或仰頭，選枕頭高度適當

2 . 紓緩五招

1. 一手輕扳頭部往對側伸展
2. 按摩對側肩膀，由後往前揉壓肌肉
3. 按摩肌肉附著點（耳後乳突、肩胛骨頂）
4. 靠牆打直站立 3 分鐘，改善駝背
5. 用熱敷墊或熱水袋，每日 2-3 次

3 . 相關疾病

椎間盤突出、骨關節炎：上肢刺痛、麻、無力
中風前兆：走路不穩、視力模糊或口齒不清
心肌梗塞轉移痛：伴隨下巴、牙齒痛、胃痛

「歸剛欸肩頸酸痛嗎？快來試試這些舒緩招數！」

哪些疾病會造成肩頸酸痛？

1. 肩頸拉傷扭傷：如長期姿勢不良、落枕、車禍、跌倒等。
2. 慢性發炎：特定部位使用過度產生累積的傷害，造成慢性發炎，若進一步惡化、沾黏，將限制肩關節的活動程度。
3. 頸椎問題：如「椎間盤突出」、「頸椎關節退化」或「骨刺」，可能伴隨肢體麻木、疼痛、無力。
4. 感染、腫瘤：可能伴隨發燒、體重減輕、半夜痛醒等症狀。
5. 心肌梗塞：心肌梗塞有時會轉移痛到肩頸，容易誤判情勢。
6. 心理因素：焦慮症、憂鬱症等，會將小疼痛放大。

如何預防或改善肩頸酸痛？

保持正確坐站姿，避免彎腰駝背、身體傾斜、快速變換姿勢、長時間不動等壞習慣。久坐工作者應每小時起身活動 10 分鐘。搭配一些舒緩招數，大部分肩頸酸痛都能逐漸獲得改善。

肩膀好重，是不是被東西附身了？

什麼？在哪裡？

你們靈異片看太多啦！

[建議科別] 復健科

復健科
骨科

關於 下背痛 該知道的 3 件事
(Low back pain)

1 . 常見病因

腰部扭傷（＞ 70%）：姿勢不良
造成肌肉疲勞、扭傷或韌帶病變

椎間盤退化（10%）

椎間盤突出（4%）：有下肢疼痛或刺麻感

脊椎狹窄、滑脫或壓迫性骨折

無關脊椎：腫瘤、感染、腎結石、腎盂腎炎

2 . 傷腰姿勢

久坐、過度彎腰或扭腰、快速擺動、搬重物

3 . 治療方式

休息：最重要

冰敷、熱敷、針灸：減痛

復健：徒手推拿、牽引、電療、超音波等

藥物：止痛藥、消炎藥、肌肉鬆弛劑

局部注射：類固醇或麻醉劑

束腹帶、背架：急性期使用不超過 2 周

脊椎運動：加強下背部肌肉力量

手術：若嚴重壓迫神經根或大小便失禁

「地上有十塊錢，值得冒著傷脊椎的風險彎腰去撿嗎？」

多少人有下背痛的困擾？

相信很多人有過類似經驗，彎腰抱小孩或搬重物，一個動作姿勢不良，下背部就「中鏢」了！痛得直不起身……

約 60-70% 的成年人曾有過下背痛，年齡集中在 30-50 歲及 80 歲以上兩個區間。下背痛的原因很多，大多是姿勢不良造成的肌肉損傷，大家最擔心的椎間盤突出其實只佔 4%。

什麼姿勢令椎間盤壓力最大？

做「彎腰搬重」和「坐姿前傾」這兩個動作時，會造成最大的椎間盤壓力。若姿勢偏向一側或以單手持物，由於左右壓力不均，也會令椎間盤壓力大增。

如何治療下背痛？

最重要就是休息，即便服用止痛藥物或接受其他減痛療法，甚至動過手術之後，都得好好休養，否則下背痛很容易再次發作，千萬不要忍痛繼續工作，情況只會更嚴重！

只有大約 10% 的下背痛患者需要手術治療，尤其是出現神經壓迫症狀或大小便失禁，要特別當心。

[建議科別] 復健科、骨科、神經外科

復健科
骨科

關於 腳抽筋 該知道的 3 件事
(Leg cramps)

1. 抽筋原因

運動過度：長時間運動造成肌肉緊繃
脫水：運動流汗或天氣太熱
缺乏電解質：常見缺鈣，或缺少鉀、鈉、鎂
循環不良：下肢動脈粥狀硬化
利尿劑：造成脫水或電解質失調
其他原因：年紀大、糖尿病、高血壓、
　　　　　透析患者、甲狀腺疾病、孕婦

2. 緩解動作

小腿肚抽筋：　　　　　　　大腿前側抽筋：
手拉腳底板或腳踩地面　　　將腿拉向身後

3. 預防方式

睡前：補充水分，按摩腿部
運動前：做好伸展及熱身
溫水泡腳：有益血液循環
飲食：喝足量的水，補充鈣、鉀、鎂

有些藥物可能有幫助

「抽筋只想到補鈣？還有很多招數可以派上用場！」

什麼時間容易腳抽筋？
幾乎所有人都有過抽筋的經驗，肌肉突然緊繃且疼痛，許多發生在運動過度、暖身不足、用力過猛的時候。此外，也常見睡到一半突然抽筋痛醒，特別容易發生在 50 歲以上。

什麼原因會造成腳抽筋？
除了運動過度之外，長時間流汗忘記補充水分，或服用利尿劑造成身體脫水，都容易抽筋。電解質方面，缺鈣確實特別容易抽筋，但缺少鉀、鈉、鎂等離子，也都可能會抽筋。

抽筋時有什麼舒緩招數？
先進行伸展動作，緩解肌肉的緊繃狀態，將抽筋的肌肉部位拉開，不同部位抽筋有不同伸展方式。

晚上常腳抽筋該怎麼辦？
可以增加鈣質攝取，腳泡熱水或按摩腿部，促進血液循環及放鬆肌肉。天冷時記得保暖腿部，但不要蓋太厚重的棉被，嘗試側睡，都是可能改善抽筋的方式。
有些藥物或可改善抽筋，如一些鎮靜藥物或肌肉鬆弛劑，但很遺憾地都沒有科學實證。

[建議科別] 一般內科、神經內科

關於 居家防跌 該知道的 3 件事
(Fall prevention)

跌倒的傷害可大可小，最怕髖關節骨折及顱內出血
可能導致無法行走、長期臥床，最嚴重將死亡

1. 高風險群

大於 65 歲長者
過去一年曾經跌倒
貧血、營養不良、虛弱
頭暈、意識障礙、步態不穩
視聽力障礙、下肢無力

2. 當心藥物

降血壓藥、攝護腺藥：姿勢性低血壓

利尿劑、輕瀉劑：增加夜間如廁

鼻水藥、鎮靜安眠藥、嗎啡類止痛藥：頭暈

肌肉鬆弛劑：造成肌肉無力

3. 預防之道

從平躺起身，先坐 5 分鐘，不頭暈才下床
下床扶床欄，先站 5 分鐘，不頭暈才行走

減少障礙物及地面雜物（如電線）
調整藥物、床高適當、照明充足
浴室設置防滑墊、扶手
持助行器或推輪椅行走

「家有一老如有一寶，只是這寶容易跌倒。」

長者跌倒有多常見？

65 歲以上老人中，每 6 位就有 1 位曾在一年內有跌倒的經驗，跌倒之後，除了會造成疼痛、鈍挫傷、依賴增加及擔心跌倒的心理壓力，最害怕的事件就是骨折。

骨折有什麼嚴重性？

髖部骨折又號稱「老人殺手」，骨折後得住院開刀，數個月內必須臥床休息，家人得請假照顧，也會消耗大量社會及醫療資源。即便痊癒了，肌肉已大量流失，生活品質大打折扣，許多老人就此反覆臥床、住院，終至離世。

不管醫院或家裡，我們最擔心老人家跌倒造成的傷害！保持居家安全環境、照明防滑，提供適當的輔具並當心用藥副作用，以降低跌倒風險。

讓老人家都有順暢安全的活動環境！

於是白空
超人氣護理師畫家

骨科　復健科

家裡哪些地方容易跌倒？

室內跌倒地點前三名：臥室、客廳、浴室。必須減少這些地方的障礙物或雜物（特別是電線），維持照明充足。浴室地板保持乾燥，設置防滑墊或裝扶手。床高度不宜過高或過低，在床上就能開關燈，黑暗中能清楚辨識開關，助行器或拐杖置於床邊，以便隨時拿取。

[建議科別] 老年科、家醫科

關於骨質疏鬆症 該知道的 3 件事
(Osteoporosis)

骨質密度逐漸流失的疾病，初期並無症狀
一旦流失到一定程度，就會發生骨折或身高變矮

1. 風險族群

停經婦女：雌性荷爾蒙下降

長期服藥：尤其是類固醇

生活型態：吸菸、飲酒、碳酸飲料
　　　　　咖啡因過量、缺乏運動

高齡長者：骨密度會隨年紀逐年下降

內科疾病：如慢性腎臟病、甲狀腺亢進等

2. 預防骨鬆

運動：適量負重運動，增加骨密度與肌力
生活：不過分減重、不吸菸酗酒、咖啡減量
環境：改善環境或用輔具，慎防跌倒
骨密度檢查：50 歲以上有危險因子的人

3. 補鈣補 D

含鈣食物：奶製品、起司、小魚乾、黑芝麻
　　　　　（每日補鈣 1000-1200 毫克）

含 D 食物：鮭魚、雞蛋、乳製品、牡蠣
　　　　　（每日需補充 800 個國際單位的維生素 D）
每日曬太陽 15 分鐘也可製造維生素 D

選用含鈣及 D 的市售保健品

「海砂屋支撐不起一個家，鬆散的骨頭也支撐不起身體。」

50 歲以上的民眾，每 3 位女性有 1 位骨質疏鬆症（停經後婦女為高風險），每 5 位男性有 1 位骨質疏鬆症，不可不慎！

骨質疏鬆症有什麼症狀？如何做診斷？

骨質疏鬆症初期幾乎不會有症狀，儘管骨質逐漸流失、骨質架構逐漸空洞，長者越來越駝背，身高變矮卻不以為意，但是只要稍微跌倒或碰撞就會骨折，尤其是脊椎、髖部及腕部。

診斷主要靠骨質密度檢查（雙能量 X 光吸收儀 DXA），若 T 值介於 -1.0 至 -2.5 標準差之間，為骨質缺乏（Osteopenia），當 T 值小於 -2.5，即為骨質疏鬆症（Osteoporosis）。

> 預防骨質疏鬆，就是要預防跌倒骨折！現在就做骨密度檢測，開始保養自己的骨頭，比起跌倒之後拿拐杖、坐輪椅、住進護理之家來得輕鬆多了！

戴大為醫師
中華民國骨質疏鬆症學會祕書長

如何選購維生素 D（維他命 D）？

維生素 D 依來源可分兩種：植物性的「維生素 D2」，以及動物性的「維生素 D3」。

依代謝過程又可分為「活性」與「非活性」。一般狀況下，最好補充非活性（或稱「生理性」）的維生素 D。若看不懂外盒標示，有個方法可區分：非活性維生素 D 的單位為國際單位（IU），而活性維生素 D 的單位為微克（ug）。

[建議科別] 骨科、家醫科

復健科
骨科

關於 肌少症 該知道的 6 件事
(Sarcopenia)

1. 臨床表現

簡易自我檢測：
食指姆指圍成圈

走路變慢
爬樓梯吃力
毛巾擰不乾

2. 檢測項目

套量小腿最粗處

有空隙：
肌少高風險

握力測量：下降
步行速度：變慢
肌肉質量：減少
小腿環圍：變細

3. 風險因子

高齡
慢性疾病
缺乏運動
營養不良

4. 臨床後果

跌倒、骨折
失能、臥床
預期壽命減短
增加糖尿病、心血管事件

5. 營養補充

每日蛋白質 1.2-1.5g ／ kg
（腎病者每日 0.8-1g ／ kg）
運動後半小時內進食最佳
植物蛋白優於動物蛋白

6. 運動建議

阻力運動（重訓）為主：
舉啞鈴、深蹲、爬樓梯
有氧運動為輔：
快走、慢跑、游泳

預防勝於治療，肌少症前期治療效果遠大於已經確診之後。

蛋白質攝取量（尤其植物性蛋白質）不夠，為肌少症的危險因子，補充維持正氮平衡的優質蛋白質、均衡飲食、早睡早起跟適度運動，是預防肌少症的不二法門。

王姿允醫師
4+2R 代謝飲食法創始人

「『又不會少一塊肉』對肌少症患者可不是句玩笑話！」

為何需要重視肌少症？
台灣 50 歲以上罹患肌少症的民眾高達 45％，高居亞洲之冠。更可怕的是肌少症一直在年輕化，跟台灣人高油、高糖、低蛋白的飲食習慣、作息不正常、錯誤減肥加上運動量不足有關。

什麼原因造成肌少症？
30 歲是肌肉骨骼的高峰，之後身體蛋白質的流失會大於合成，並且越來越快，40 歲以上肌肉量每十年會減少 8％；70 歲以上每十年減少 15％。其他加重肌少症的原因，包括長期臥床、慢性疾病、營養不良等。

肌少症怎麼運動？怎麼吃？
要增加肌肉，阻抗性運動（重訓）是更有效的運動。如果狀況不適合重訓，有氧運動也可以，但增肌效果會打折。
另一方面要多吃優質蛋白質（豆＞魚＞蛋＞肉類和乳製品），最好在早餐或運動後半小時內進食，增肌效果更佳！

［建議科別］老年科、家醫科

復健科 骨科

關於 身體活動 該知道的 3 件事
(Physical activity)

1. 運動類型

輕度運動：慢速行走、慢速騎車、家務等
不影響呼吸速率的運動量
不列入每周的身體活動 150 分鐘

中強度運動：快速騎車、快走、慢跑
體操、爬樓梯、游泳、跳交際舞等
運動中無法唱歌但可以說話

高強度運動：快跑、無氧運動、騎車上坡
跳繩、登山等。運動中無法順暢聊天

2. 建議心跳

最大心跳＝220 減年齡

建議運動心跳：
最大心跳數 60-90%

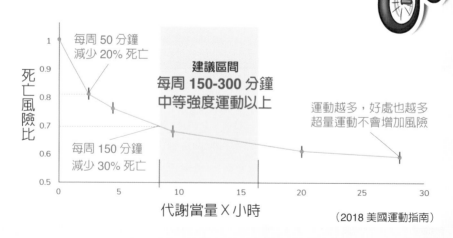

3. 運動量與死亡風險

每周 50 分鐘
減少 20% 死亡

建議區間
每周 150-300 分鐘
中等強度運動以上

運動越多，好處也越多
超量運動不會增加風險

每周 150 分鐘
減少 30% 死亡

死亡風險比

代謝當量 X 小時

（2018 美國運動指南）

「沒時間每周運動 150 分鐘嗎？那就每周運動 50 分鐘吧！」

每周要運動多久才足夠？
世界衛生組織體能活動指南（2020）建議：
兒童、青少年每日至少做 60 分鐘以上中等強度運動。
18 至 64 歲成人每周運動 150 分鐘以上中等強度運動。
（中等強度運動，就是有點喘又不會太喘的程度）

2018 美國運動指南和以前有什麼差別？
與過去的「333 運動法」（每周運動 3 次，每次 30 分鐘，運動
心跳＞每分鐘 130 下）相較，有兩個主要改動：「建議運動總時
數增加」與「不再強調每次運動的時間與心跳速率」。

如果沒時間運動達到標準，不如乾脆完全不動？
這觀念大錯特錯！
1. 只要每周中強度運動 50 分鐘，就可減少兩成死亡風險！
2. 每周中強度運動 150 分鐘以上，可減少三成死亡風險！
3. 運動越多好處越多，即便超過建議時間也不會增加風險。

復健科
骨科

處理 運動傷害 的 2 個口訣
(Sports Injuries)

1.急性期
PEACE

Protection 保護
用護具、三角巾或木板固定

Elevation 抬高
患肢高於心臟，減緩腫脹

Avoid anti-inflammatory
避免消炎藥，可吃普拿疼

Compression 壓迫
纏繞彈性繃帶，勿過緊

Education 衛教
了解傷勢及復原過程

最新指引：
不必冰敷～
不吃消炎藥

2.復原期
LOVE

Load 適當負荷
無痛之後，適度地承重

Optimism 樂觀
樂觀態度面對傷停時間

Vascularisation 循環
心肺有氧訓練促進循環

Exercise 運動
在無痛範圍內進行運動

「受傷第三天還在冰敷嗎？知識該更新了喔！」

處理運動傷害，2019 年推出了新口訣：「PEACE & LOVE」，與過去的口訣「PRICE」有些觀念不同。

新口訣修正了什麼觀念？

降低了急性期冰敷的重要性：軟組織受傷的 24 小時之內，患部會充血、腫脹、疼痛，適度的發炎反應是組織自我修補的過程。而冰敷會令局部血管收縮，若過度抑制發炎，會影響日後的復原程度。冰敷的目的是止痛，而非治療，只要不痛就不必冰了。

另一個觀念修正為「避免消炎藥 NSAID」，同樣的道理，為了不過度抑制發炎，NSAID 藥物或類固醇只要不痛就不要服用了。可以吃普拿疼，因為不會抑制發炎。

口訣有哪些新增項目？

「衛教」和「樂觀」強調受傷後和專家討論，了解大概的病程，用正確觀念面對。「負荷」、「循環」、「運動」強調有步驟地增加患肢承重，增強心肺功能，逐漸恢復運動量。

[建議科別] 復健科、骨科

復健科 骨科

關於 膝蓋疼痛 該知道的 3 件事
(Knee pain)

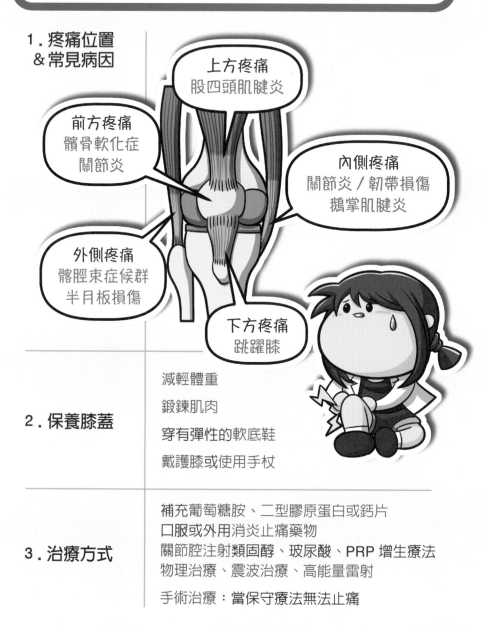

1. 疼痛位置 & 常見病因

上方疼痛
股四頭肌腱炎

前方疼痛
髕骨軟化症
關節炎

內側疼痛
關節炎 / 韌帶損傷
鵝掌肌腱炎

外側疼痛
髂脛束症候群
半月板損傷

下方疼痛
跳躍膝

2. 保養膝蓋

減輕體重

鍛鍊肌肉

穿有彈性的軟底鞋

戴護膝或使用手杖

3. 治療方式

補充葡萄糖胺、二型膠原蛋白或鈣片
口服或外用消炎止痛藥物
關節腔注射類固醇、玻尿酸、PRP 增生療法
物理治療、震波治療、高能量雷射

手術治療：當保守療法無法止痛

「蹲得越低，不一定跳得越高，但膝蓋一定越痛！」

膝蓋承受多少壓力？

膝蓋的壓力是全身最大！一個體重 60 公斤的人，跑步或爬階梯時，膝蓋得承受 240 公斤（體重的 4 倍），蹲跪時則高達 480 公斤（體重的 8 倍）。

哪些狀況會加重膝關節磨損？

膝關節承重越多，軟骨磨損的危險越大，越容易發生退化，肌腱也更容易受傷。不難發現，越肥胖的人膝蓋磨損也越嚴重。

「蹲姿、跪姿、坐矮板凳」等長者常做的動作，對膝蓋負擔也很大，避免膝關節損傷，必須減少此類動作。年輕人的膝蓋損傷則以運動傷害或意外事故（車禍、劇烈撞擊）為多。

膝蓋痛別驚慌，只要找出原因並對症下藥，九成以上的患者都能獲得良好改善！

史考特醫師
一分鐘健身教室 / 恆新復健科診所

復健科
骨科

如何保養膝蓋？

除了減重之外，運動是保養膝蓋的最好方法，騎腳踏車是很多專家推薦的護膝運動，能增強腿部肌力及關節活動度，但切勿操之過急，一下子騎得太快、太遠或太重，反而有害無益。

從年輕時就該好好保養膝蓋，免得年紀大了還得承受換人工關節置換手術之苦！

[建議科別] 復健科、骨科

關於 增生療法 該知道的 3 件事

(Prolotherapy)

1. 使用範圍

常用於關節炎治療、難治肌腱炎
（軟骨、肌腱、韌帶等血液循環較差）

其他如肌腱撕裂、骨折、傷口癒合不良
甚至醫學美容應用

2. 增生劑

增生劑有高濃度葡萄糖、維生素 B、PRP 等
藉理學檢查或超音波導引注射至受傷部位

高濃度葡萄糖
在受傷部位造成二次發炎反應
刺激產生出生長因子以促進修復

PRP（高濃度血小板血漿）
抽自身血液離心得到血小板分離物
富含生長因子，直接注射至受傷部位

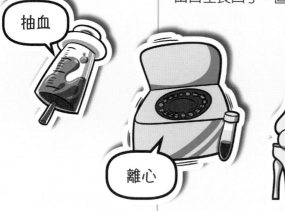

抽血

離心

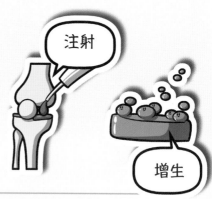

注射

增生

3. 治療功效

讓組織再生，縮短修復時間
減緩疼痛及發炎

不使用類固醇，無特別副作用

超級有趣的醫學教育！
如果課本內容這麼好玩，
堡醫師當初醫學院考試
一定每次都 100 分啦！

侯鐘堡醫師
原力復健科 / 痠痛堡健室

「錢錢沒有不見，只是變成身體的一部分。」

什麼是增生療法？
增生療法的核心價值，就是「不靠類固醇或消炎藥，達成治療目的並減少副作用」，將增生劑注射在損傷的肌腱、韌帶或關節軟骨上，啟動人體自我修復機制，改善疼痛及增強軟組織強度。
常用的增生劑有高濃度葡萄糖、維生素 B、高濃度血小板血漿（Platelet-rich plasma，PRP）等。增生療法的適用範圍很廣，涵蓋所有軟組織疼痛、關節炎、肌腱炎等，骨折、傷口癒合不良，甚至醫療美容的應用，都有其角色。

增生療程如何進行？
一般療程每 2-6 周施注一次，視情況共執行 3-6 次注射。治療時注射部位可能會酸脹疼痛，可服止痛藥來緩解疼痛，記得要攝取足夠的蛋白質及維生素，以獲得最佳療效。
最後要強調的是，雖然增生療法號稱無副作用，但那是對身體而言，但錢包君會失血，算是經濟上的副作用。

[建議科別] 復健科、骨科

復健科
骨科

家醫科
其他科
藥劑科

該認識的 6 種常用 麻醉方式

(Anesthesia)

1. 局部麻醉

由外科醫師執行
在開刀部位注射藥物
產生局部麻醉效果
常用：一般小手術

2. 半身麻醉

脊髓麻醉
注射於脊椎蜘蛛膜下腔
常用：泌尿手術 /
下肢手術 / 剖腹產

硬脊膜外麻醉
注射於硬脊膜外腔
執行技術困難度較高
常用：減痛分娩 / 產後止痛

3. 全身麻醉
（術前需禁食）

面罩式全身麻醉
由喉頭罩給予麻醉氣體
常用：小兒疝氣手術

插管式全身麻醉
氣管插管確保呼吸道
使用止痛、睡眠、肌肉鬆弛等藥物
常用：頭頸手術 / 重大手術 / 腹腔鏡

靜脈麻醉（包含睡眠麻醉、舒眠麻醉）
僅用靜脈注射達成麻醉，沒有插管
常用：子宮搔刮術 / 無痛胃腸鏡

「麻者，不靈活與遲鈍之意，醉者，陷入迷糊狀態。」

最早的麻醉出現在東漢末年，華佗使用「麻沸散」替患者做全身麻醉執行剖腹手術。醫學演進至今，有很多種麻醉方式，應對各種大小手術，各有各的適應症及副作用。

除了局部麻醉之外，不管是靜脈麻醉（俗稱舒眠或睡眠麻醉）、半身麻醉（含減痛分娩）或全身麻醉，皆不得由護理人員操作，

認明「麻醉專科醫師」不僅可確保麻醉安全，更可增加手術的成功率！

麻的法課 邱豔慶 醫師

半身麻醉是什麼？
半身麻醉主要應用在腹部以下手術，分為「脊髓麻醉」及「硬脊膜外麻醉」兩種，主要是入針深度與技術需求不同。前者只有一次給藥機會，通常用於 2-3 小時可完成的手術；後者可追加麻醉藥，用於較長時間的手術，對呼吸及血壓的影響也較小，但技術需求較高。

全身麻醉有哪幾種？
1. 面罩式全身麻醉：透過臉面罩或喉頭罩給予麻醉氣體，雖較舒適，但無法防止嘔吐物嗆入呼吸道。
2. 插管式全身麻醉：能確保呼吸道，較為安全，但術後可能有喉嚨疼痛、聲音沙啞及噁心嘔吐的情形。
3. 靜脈麻醉：從點滴給予靜脈麻醉藥物，不需插管。

[建議科別] 麻醉科

家醫科
其他科
藥劑科

關於 實證醫學 該知道的 3 件事
(Evidence based medicine)

1. 醫學即科學	醫學是一門嚴謹的科學 大至醫療決策，小至一顆藥錠 都是世界上千萬篇論文凝聚的共識
2. 假醫學誤人	很多人會聽信旁人經驗或媒體的聳動標題 旁人經驗＝倖存者效應 既便是錯誤的醫療決策，仍有少數人存活 這些少數人會大肆宣傳其療效，非常勵志 但治療失敗的多數人已經不會說話了…… 聳動標題＝衝高點閱率 吸睛標題多為斷章取義的結果 未細究原文，只會接收到片面資訊
3. 資訊金字塔	取得不便或難以理解，資訊艱深但正確性高

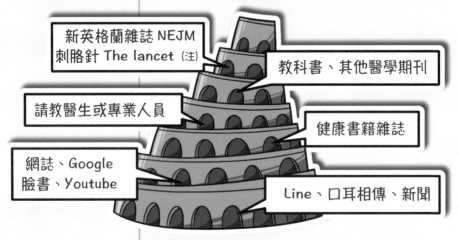

新英格蘭雜誌 NEJM
刺胳針 The lancet（注）

教科書、其他醫學期刊

請教醫生或專業人員

健康書籍雜誌

網誌、Google
臉書、Youtube

Line、口耳相傳、新聞

取得便利或容易吸收，資訊混亂且錯誤率高

注：《刺胳針》，是世界上最悠久及最受重視的同行評審醫學期刊之一。
它與另外三份國際醫學期刊《新英格蘭醫學雜誌》、《美國醫學會雜誌》、《英國醫學雜誌》
是一般公認的國際四大醫學期刊。

「價值上億的研究結果，可能不敵一張網路謠言圖。」

每天會生產多少則醫學論文？
世界每天會出產 50 個新試驗，每日有 2000 篇研究文章問世，越來越多的資料堆疊出真理，舊有觀念也不斷被推翻。

昨是今非的經典題「一天能吃幾顆蛋」？
過去的飲食指引不建議每天吃多於一顆蛋，怕膽固醇過高。後來發現沒有證據指出飲食攝入的膽固醇會造成高血脂，而雞蛋有許多營養成分，飲食指引改建議一天可吃 4 顆蛋，但原本的觀念已經深植人心，很多人改不過來。

為何會有惡質的謠言？
謠言經常有營利目的，找人宣稱是實際經驗，或用聳動標題吸引信眾，民眾一時不察就照做，白花錢不說，只怕對身體有害。在資訊爆炸的時代，網路上真資訊雖多、假資訊也不少，不可輕信單一來源，應多方比較，聽聽不同專家意見。

買東西怕遇詐騙，看文章怕被誤導。假資訊橫行，醫療萬一出錯，可無法彌補！

合理、精準地使用醫學證據，秉持科學精神，嚴謹對待醫療問題。醫療沒有偏方，更不必迷信！

歪樓藥師 翁紹恩

關於 飲酒 該知道的 3 件事
(Alcoholic drink)

1. 酒的成分

主成分為酒精、微量醣類以及胺基酸

營養價值極低,但熱量極高
酒精熱量 (7 大卡 / 克) 高於糖類 (4 大卡 / 克)

啤酒 (4%)
上限 300ml

清酒 (15%)
上限 80ml

威士忌 (40%)
上限 30ml

紅酒 (12%)
上限 100ml

米酒 (20%)
上限 60ml

高粱 (58%)
上限 20ml

2. 建議攝取量

圖示的量為 1 個酒精單位＝約 12 克酒精
女性每天最多 1 酒精單位
男性每天最多 2 酒精單位(圖示的 2 倍)

3. 好處與危害

小量飲酒的好處:提升好膽固醇 HDL
減少缺血性腦中風、心因性猝死及失智
原本不喝酒的人,不建議為此飲酒

酗酒的危害:
損害肝臟:脂肪肝、酒精性肝炎、肝硬化
惡性貧血:妨礙葉酸及維生素 B12 吸收
血糖波動、痛風、食道灼傷、假酒中毒

「傷肝、發胖、瘦荷包，唯有杜康。」

一天能喝多少酒？

每個國家的酒精單位並不相同，大部分訂定 1 個酒精單位為 10-12 克。國民健康署的飲酒建議：女性每日不超過 1 個酒精單位，男性每日不超過 2 個酒精單位。

為了接近整數好記憶，本篇將 1 個酒精單位訂為 12 克，以罐裝啤酒（酒精濃度 4%）來說，女性每天喝一罐 330cc，就已經超標，男性每天最多也不宜喝超過兩罐。

小酌對身體有益？

一些研究指出，適量飲酒或許能給身體帶來一些好處，但最好不要拿這個作為喝酒的理由，經常不小心就過量，或因此發胖。

飲酒過量有哪些身體危害？

最常傷害肝臟，如脂肪肝、酒精性肝炎和肝硬化。酒精加下酒菜的熱量，對體重是不小的危害。糖尿病患者更需擔心飲酒造成血糖波動；酒精的高普林會引發痛風；醉後嘔吐會灼傷食道；不小心喝到假酒，甲醇中毒可能導致失明。

男人可以喝女人的兩倍，所以妳乾一杯我乾兩杯！

想喝就說，不必解釋這麼多。

家醫科

其他科

藥劑科

關於 咖啡因 該知道的 4 件事
(Caffeine)

1. 建議上限

成人每日咖啡因攝取上限：300 - 400mg
孕婦、心臟病患者上限：150 - 200mg
12-18 歲上限：100mg
12 歲以下：上限 60mg，但應盡量避免

2. 咖啡因含量

現煮咖啡：依價目表旁的咖啡因燈號
紅燈：咖啡因＞ 201mg / 杯，每日最多 1 杯
黃燈：咖啡因 101-200mg / 杯，最多 2 杯
綠燈：咖啡因＜ 101mg / 杯，最多 3 杯

罐裝咖啡 / 即溶咖啡：依實際含量標示
＜ 2mg / 100ml 可標示為低咖啡因

3. 其他咖啡因來源

珍奶、紅茶、提神飲料：60mg / 360ml

綠茶、烏龍茶、可樂：40mg / 360ml

巧克力棒：30mg / 條

4. 健康議題

優點
提神、減緩脂肪肝
燃燒脂肪、預防中風

危害
心悸、焦慮、失眠
血管收縮、胃酸過多、骨質疏鬆

「不喝一杯咖啡，總覺得美好的一天還沒開始嗎？」

喝咖啡有哪些好處？

咖啡香氣迷人，咖啡因更是天然的提神劑，提振精神好面對漫長的學習及工作。咖啡所含的抗氧化物質似有抗癌效果，還能燃脂、減重、緩解脂肪肝，不失為一種健康飲料。

但要注意，擁有這些好處的是「黑咖啡」，加了奶或糖，額外攝取的熱量及糖分就是另一回事了。

每個人對咖啡因的敏感度
都不相同，有人特別容易心悸失眠，
但有些偏頭痛或輕微水腫卻能
以咖啡因來緩解。

平時要多多觀察身體的反應，
除了表中提到的，若有腎臟疾病
或頭痛，也可跟你的醫師討論
日常攝取咖啡因的問題喔！

白日雨
醫師／漫畫家／遊戲製作人

咖啡因每日攝取上限是多少？

成人每日咖啡因攝取量建議不超過 300 - 400 毫克。

兒童的限制攝取量更少，各國建議不同，美國兒科醫學會甚至建議 12 歲以下兒童避免攝取咖啡因。

每杯咖啡的咖啡因量多少？

店售的現煮咖啡可參考紅、黃、綠燈標示，每日上限分別為一杯、兩杯和三杯，罐裝或即溶咖啡則依外包裝標示。

除了咖啡之外，所有茶葉類、提神飲料、可樂及巧克力都含有咖啡因。兒童很容易經由其他途徑攝取咖啡因，雖然其他飲料的咖啡因含量相對較低，喝多了還是很容易過量的喔！

關於 門診心法 該知道的 4 件事
(Outpatient department)

1. 先做功課	上網搜尋症狀，先有初步認識 網路資訊或旁人意見僅供參考，勿先入為主 不知看什麼科，可先看家醫科或一般內科
2. 名醫迷思	若不需要高級檢查，只是看小病 與其到大醫院排長長的隊看名醫 不如找鄰近可信賴的家庭醫生
3. 關鍵 5 分鐘	門診等候很久卻只看診 5 分鐘？ 提供必要資訊，讓醫生快速了解狀況！ 主要症狀：例如肚子痛 發作了幾天？陣發或持續？ 形式：悶痛、刺痛、鈍痛或絞痛 次要症狀：噁心、嘔吐、腹瀉、黑便等 加重因子：吃飽飯或躺下更嚴重等 慢性疾病、現正用藥、接觸史 不話家常：省略與主述不相關的話題 逐項說明：不同器官的問題應分開說明
4. 善用筆記	給醫生看的筆記： 其他家人的疑問，怕漏講的事項，特定藥名 給自己看的筆記： 醫生交代事項、記下重點數字、藥物用法 錄音筆：有錄音需求可詢問醫師 勿偷錄音以維護醫病信任

「身體有了三長兩短，看醫生竟也三長兩短？」

在台灣看病一直有「三長兩短」的問題，「三長」為等掛號、等看診、等批價領藥時間長，「兩短」為看診時間短、醫生說話短。把握下列重點，即便看診時間短，也能精準溝通，保障自己！

1. 就醫前先做功課
對自身症狀或疾病有初步認識，在診間能表達得更清楚。
2. 善用筆記
在家裡寫下想問醫護的事項，有疑問的藥品名或保健品名，才不會一緊張就忘了講，或想半天浪費時間。
3. 表達輕鬆自然
醫生都接受過傾聽的訓練，即便講得不好，還是能聽出重點，既然如此，就放鬆地講吧！
4. 大病大醫院，小病小診所
「大醫院一定比較好」是許多人的迷思，其實很多病症，穩定之後不必往醫院擠，可至鄰近診所，服務親切又快速。
5. 不要一直換醫生
有個長期固定的醫生，對你的身體狀況、檢查結果、用藥情形會有較佳掌握度。更換醫生得花時間重新溝通、重新檢查及用藥，不僅拉長治療周期，有時還會延誤了病情。

家醫科
其他科
藥劑科

關於 預防癌症 該知道的 **3** 件事
(Cancer prevention)

1. 國人十大癌症死因

（前四名蟬聯多年）
1. 肺癌
2. 肝癌
3. 大腸癌
4. 女性乳癌

（每年稍有變動）
5. 攝護腺癌
6. 口腔癌
7. 胰臟癌
8. 胃癌

2. 預防方式

拒菸、拒檳、不酗酒

保持運動、控制體重

多吃蔬果、五穀雜糧

少吃紅肉、多吃白肉

少吃加工肉品、重鹹、含糖飲料、醃漬物

防癌疫苗（B 肝疫苗、人類乳突病毒疫苗）

3. 定期篩檢

公費：
子宮頸抹片、乳房 X 光攝影、
糞便潛血檢查、口腔黏膜檢查

自費：
低劑量肺部電腦斷層、腹部超音波
人類乳突病毒檢測、大腸鏡／胃鏡

「怕得癌症的我，做好定時檢查就對了！」

癌症為十大死因榜首，長達四十年，平均每十分鐘就有一人因癌症過世，人數遙遙領先第二名的心臟病。社會持續高齡化、生活型態改變、肥胖人口增加，癌症發生人數仍逐年增加當中。

癌症有哪些危險因子？
想遠離癌症，得先了解危險因子，以下整理了令癌症機率增加的因子，設法遠離它們就對了！

1. 致癌環境：空氣汙染，過度日曬（皮膚癌）
2. 職業暴露：石綿或砷（肺癌），氯乙烯（第一級致癌物）
3. 不當習慣：菸害（含二手菸）、酗酒、嚼檳榔
4. 生活作息：作息不規律、熬夜、壓力大、肥胖、不運動
5. 家族病史：乳癌、卵巢癌、大腸癌等較易有遺傳傾向
6. 不當飲食：油炸品、含糖飲料、紅肉（牛羊豬）、燒烤、醃漬物、重鹹食物、加工肉品、罐頭食品
7. 病毒感染：B肝或C肝病毒（肝癌）、人類乳突病毒HPV（子宮頸癌）、幽門桿菌（胃癌）

［建議科別］家醫科、健檢中心

關於 健康檢查 該知道的 4 件事
(Health examination)

1. 公費成人健檢	40 - 64 歲民眾	每 3 年一次
	65 歲以上民眾 55 歲以上原住民	每 1 年一次

理學檢查：身高、體重、血壓、聽診
血液檢查：血糖、血脂肪、肝腎功能

2. 公費未含項目

（公費成人健檢沒做的基本項目）

血液：血球計數、糖化血色素、尿酸
尿液檢查、尿蛋白
腹部超音波、腎臟超音波、胸部 X 光

3. 公費癌症篩檢

子宮頸抹片檢查	> 30 歲女性	每 3 年一次
乳房 X 光檢查	45 - 69 歲女性 40 - 44 歲二等親曾患乳癌	每 2 年一次
糞便潛血檢查	50 - 74 歲民眾	
口腔黏膜檢查	> 30 歲曾嚼檳榔或吸菸 > 18 歲曾嚼檳榔的原住民	

4. 自費癌症篩檢
（癌症死因前幾名）

肺癌：低劑量肺部電腦斷層
肝癌：腹部超音波
大腸癌：大腸鏡
攝護腺癌：抽血驗腫瘤標記

「偶爾做健康檢查，效果勝過任何保健食品。」

為什麼要做健康檢查？

看了那麼多疾病介紹，不難發現一件無奈的事實：許多疾病在初期幾乎沒有症狀，或症狀很容易被忽略，所以我們需要健康檢查才能提早發現問題。

會不會本來沒事，卻查出一堆病？

檢查一定會有「偽陽性率」或「邊緣數值」，需要安排進一步檢查來確定是不是真的有問題，難免會多跑幾趟醫院。換個角度想，若檢驗結果沒有紅字，代表這個項目沒問題，往後 2 年不必煩惱這方面的疾病。

該怎麼安排健康檢查？

根據十大死因檢查就對了：1. 癌症 2. 心臟病 3. 肺炎 4. 腦血管疾病 5. 糖尿病 6. 事故 7. 高血壓 8. 慢性肺病 9. 腎臟病 10. 肝病癌症初期幾乎都沒有症狀，針對死亡率前幾名的癌症做檢查肯定划算，尤其是有家族病史的人。非癌死因的部分，前十名有五項都是心血管相關疾病，檢查三高非常容易，預防和治療也很輕鬆，不做實在可惜。

[建議科別] 家醫科、健檢中心

關於 乳癌 該知道的 3 件事

(Breast cancer)

乳癌佔十大癌症死因第四位、發生率第三位
女性最常見癌症,20 歲以上就可能發生,好發 40-80 歲

1. 風險族群
1. 對側乳癌 2. 家族病史(母親或姊妹)
3. 初經早、停經晚、晚懷孕、沒生育
4. 良性乳房疾病 5. 肥胖、高油飲食

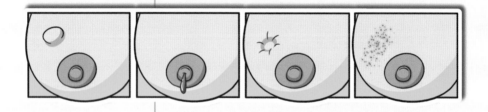

2. 前期病灶
1. 乳房或腋下腫塊 2. 乳頭分泌物或出血
3. 乳頭或乳房凹陷 4. 皮膚橘皮化或潰瘍

3. 自我檢查
每月執行
檢查鎖骨上下和腋下淋巴結
擠壓乳頭,用指腹順時針按壓 2-3 圈
換躺臥姿勢,再順時針按壓 2-3 圈

國民健康署 2 年一次公費乳房 X 光檢查:
45-69 歲女性,或 40-44 歲二等親有乳癌

「雙峰誠可貴，生命價更高，定期做篩檢，兩者皆可保。」

乳癌篩檢有何重要性？

乳癌為女性發生率最高的癌症，癌症死因卻排名第四，代表這個癌症若能早期診斷早期治療，將有很大的治癒機會。另一方面，高發生率和高治癒率也歸功於國民健康署大力推廣乳癌篩檢，引起女性同胞的重視，發現更多早期個案。

乳癌有哪些風險因子？

1. 對側曾患乳癌：最大的乳癌危險因子。
2. 遺傳因素：有家族病史，特別是是母親和姊妹曾患乳癌。
3. 荷爾蒙暴露：初經較早（11 歲以前）、停經較晚（55 歲以後）、較晚懷孕（30 歲以上生第一胎）、沒生小孩、沒哺乳、使用口服避孕藥等。
4. 良性乳房疾病：如非典型乳腺增生，或乳房切片有不正常細胞增生。
5. 不良飲食：肥胖、高脂肪飲食。

[建議科別] 一般外科、乳房外科

關於 安寧療護 該知道的 4 件事
(Hospice care)

面對疾病末期，死亡已不可逆
安寧療護不是安樂死，不是等死，更非放棄治療

1 . 如何進行	要做什麼 緩解身體症狀如疼痛、喘、水腫 支持病人及家屬的心理，協助關係修復 照顧病患的靈性，澄清生命意義 不做什麼 不做刻意延長生命的治療 不做增加痛苦的處置
2 . 如何申請	向合約醫院安寧團隊申請 簽署放棄急救同意書 簽署預立選擇安寧緩和醫療意願書 需要兩位見證人 可將意願註記在健保 IC 卡
3 . 專業團隊	醫師、護理 社工、宗教 志工、營養 藥師、心理師 靈性關懷師
4 . 安寧對象	經兩位醫師認定 病患預期生命少於六個月 過去以癌末病患為主 現有八大非癌類別：失智、中風 心臟衰竭、阻塞肺病、末期腎病等

「安寧療護是積極面對生命，不是放棄治療更非安樂死！」

生命皆有終點，在最後獲得平靜、無憾，是每個人的權利，也是安寧療護的精神所在。

如何進入安寧療護？

經兩位醫師判定，疾病已無法治癒且剩餘壽命不超過 6 個月，便可進入安寧療護。這並不容易判定，因為現代醫學有許多延長壽命的方式，包括血液透析、全靜脈營養、呼吸器、葉克膜等，患者可以多重器官衰竭、插滿管路、神智不清，依然撐過好幾年。以前只有癌症患者才被視為無法治癒，後來增加了八大非癌項目，代表醫學越來越重視照顧身心靈這一塊。安寧可以居家做，可以住院做，甚至也可以在 ICU 安寧。

好死還是賴活？生死由誰做主？

答案因人而異，西方國家傾向讓患者本人決定，而東方社會家庭觀念較重，常由家屬來主導生命的重要決定。

積極治療與安寧療護是光譜兩端，並不彼此衝突，除了「放棄急救」這一必要條件，患者、家屬、團隊三方共同討論，決定哪些治療要做、哪些治療不做，不存在絕對的對錯，任何決定都是愛的決定。

我走的時候希望有許多美女陪伴在旁。

我現在就可以送你安心上路！

[建議科別] 安寧團隊

家庭保健盒 該準備的 4 大項目
(Family first aid kit)

1. 醫療儀器	體溫計：耳溫槍為佳，方便又準確
	血壓計或記錄本：有年長或高血壓患者
	血糖機：糖尿病患者定期量測
	血氧機：新冠肺炎可能有快樂缺氧症狀
2. 外傷處理	小瓶生理食鹽水、無菌棉枝
	優碘藥水、抗生素藥膏、酒精棉片
	無菌紗布、透氣膠帶、OK 繃
	網狀繃帶、彈性繃帶
3. 內服藥	感冒藥：鼻水藥、咳嗽藥、複方錠
	胃腸藥：制酸劑、消脹氣、促腸蠕動藥
	止痛解熱藥
	暈車藥
4. 外用藥	眼藥水
	口內膏
	冷熱敷袋
	酸痛軟膏、貼布
	止癢藥膏、蚊蟲咬傷藥

「平時沒準備保健盒？受了傷只好花錢去診所處理！」

需要準備哪些醫療儀器？

體溫量測方式有很多種，「肛溫」及「耳溫」較為接近人體核心溫度，38°C以上就是發燒，以操作方便來說，當屬「耳溫槍」為最佳選擇。

「血壓計」和「血糖計」視家庭成員有無相關風險。新冠肺炎可能產生「快樂缺氧」症狀：患者並不覺得喘，但血氧濃度已降至90%以下，醫護人員或慢性疾病族群可以準備血氧計，家中有肺部疾病患者也需要。

只是手肘擦傷，
有必要包得
這麼誇張嗎？
炎ㄨ黑龍波？

小傷口該如何處理？

肢體小受傷，先用生理食鹽水和無菌棉枝沖洗傷口，等乾後再用優碘藥水消毒，薄薄塗上一層抗生素藥膏，覆蓋無菌紗布，用透氣膠帶進行固定。

若有變色、發黃、破損、缺角、髒汙的物品，如變色的藥水、發黃的紗布、生鏽的剪刀等，請記得更新！

內服藥與外用藥視個人情況準備，感冒藥、胃腸藥、止痛解熱藥等三類很常用，必須準備一些。

家醫科
其他科
藥劑科

關於 **藥品存放** 該知道的 **3** 件事
(Drug storage)

1 . 一般原則	避免照光、潮濕、高溫 一般可室溫存放，僅少數藥品需冷藏 罐裝開封後丟掉脫氧劑、乾燥劑或棉花 裸錠或罐裝藥品開封後保存最多半年
2 . 各別藥品	磨粉藥品：易受潮變質，最多放一個月 糖漿、眼藥水、眼藥膏： 不需冷藏，開封後可放一個月 胰島素：未使用前需冷藏，可至保存期限 　　　　使用後可室溫保存，最多一個月 外用藥：開封後可放半年 　　　　觀察外觀是否變色、發臭、潮解
3 . 藥品丟棄	特殊藥物如抗生素、抗癌藥、免疫抑制劑 管制藥、荷爾蒙、針具、針頭 → 退回藥局 一般藥物可直接丟，藥水倒入夾鏈袋，可 用茶葉、咖啡渣或擦手紙吸附 → 丟垃圾車

藥物存放
若不正確將影響藥效！
大多藥物以常溫保存，
冷藏並無法延長效期
或確保不變質。

存放位置避免孩童拿取
誤食。藥品丟棄時切忌
造成環境汙染！

小兒科 巫漢盟醫師
〈阿包醫生陪你養寶包〉版主

「藥品存放遵照『六不原則』！」

1. 不要放在潮溼處（如浴室、廚房）

2. 不要置於悶熱或陽光直射的地方（如窗邊、車內）

3. 不要冰冰箱
除非包裝上註明「需冷藏於 2-8℃」，其他藥品都不應放冰箱，
反覆進出冰箱會令藥物吸附水氣，反而提早變質。

胰島素未使用需放冰箱，開封後可室溫保存，最多一個月。

4. 不要丟棄原包裝
服藥後應隨手放回原袋封存，才看得出有效期限或注意事項，將
藥品重新分裝至別的容器，容易發生誤服。

5. 開罐後不要留下脫氧劑、乾燥劑及棉花
脫氧劑在密封包裝內部，避免膠錠食品氧化，乾燥劑及棉花吸附
水氣。這三者在罐裝開封之後，很快會失去吸附氧氣與水分的能
力，反而會孳生細菌。

6. 不要捨不得丟
藥品不是老酒，不會越陳越香，大方扔了吧！

[建議科別] 藥劑科

藥劑科 其他科 家醫科

關於 營養補充品 該知道的 3 件事
(Nutritional supplements)

1. 名詞差異	「保健食品」是一般食品 雖具保健功效成分，但可能未經科學佐證 「健康食品」有小綠人標章 需有科學證據之功效，中央主管機關公告
2. 該怎麼吃	上述二者皆非藥物，非治療用途 主要營養素應來自天然食物或原型食物 缺乏某營養素或飲食不均衡時，才需要補充 遵照最大劑量標示，寧少勿多 有慢性疾病，或不確定能不能吃 請教專業人員（醫、護、藥、衛教師）
3. 常見品項	葡萄糖胺、維生素 D、鈣片（補充骨關節） 維生素 C（傷口癒合、美白） 蔓越莓（預防泌尿道感染） 葉酸（貧血、備孕、懷孕） 鐵、維生素 B12（貧血） ω-3 脂肪酸（高血脂） 益生菌（調整腸道） 銀杏（預防失智） 鋅（減少掉髮） 葉黃素（護眼） Q10（護心）

「醫生，這一罐某某保健品我能不能吃？」

這是太常被問到的問題，有人會拿出實品、外包裝或照片，讓醫生細看營養成分再回答。有人卻空手而來，形容產品功效，或說一句廣告詞，品名講得不清不楚，一副「你知道的」表情，醫師連你在問哪一款保健品都搞不清楚，也只能無可奉告。

以下幾個重點提醒大家：

1. 營養補充品不是藥品，不具備科學證實療效，不可盲目亂吃，或取代藥物的作用。
2. 均衡飲食比任何補充品更好，營養元素吸收率佳，又無需擔心副作用。
3. 某些族群才建議補充特定營養素，健康的人或非營養素缺乏的病症，補充品沒有助益。
4. 遵照最大劑量標示，劑量寧少勿多，不要沒得到好處，反而造成身體損害。
5. 帶完整成分標示的外包裝找醫師討論，才能得到正確建議。

吃對、吃缺乏、吃需要才是營養保健品的意義！

如果本身很難達成某些營養的補充（如長期外食，無法攝取足夠的膳食纖維），適量的營養補充當然是好的～

如果只靠營養保健品補充，取代均衡飲食，或因有吃保健食品就經常熬夜、抽煙、飲酒、吃油炸品，那就失去保健營養品的意義了！

陳欣湄醫師〈家醫科女醫師日常〉版主

家醫科　其他科　藥劑科

該知道的 4 個 服藥時間點
(Time of taking medicine)

1. 飯前服用

0.5-1hr

飯前 0.5-1 小時服藥
　（與前一餐相隔 2 小時以上）

胃藥：氫離子阻斷劑、組織胺阻斷劑
腸藥：止吐藥、抗腸胃痙攣
鈣片：一般在飯前吃，用於補鈣
糖尿病：促胰島素藥、短效胰島素

B 肝病毒藥、骨質疏鬆藥

2. 隨餐服用

服完藥立刻吃飯，或在吃飯時服藥

鈣片：腎病患者隨飯吃，用於降磷
降三酸甘油脂藥
少數血糖藥

3. 飯後服用

0-1hr

飯後 1 小時內服藥

大部分藥物都是飯後吃
沒標示何時吃，就在飯後吃

制胃酸藥（鈣、鋁、鎂、鹽）
飯前飯後都可以吃，
但最好與其他藥物間隔 2 小時

4. 睡前服用

睡覺前 0.5 小時左右吃藥

安眠藥、感冒藥

「時常霧煞煞、吃錯藥嗎？本篇教你聰明吃藥！」

謹記大原則：沒有註明「飯前」或「隨餐」的藥，盡量於飯後服用。

藥袋字體很小怎麼辦？

建議用簽字筆將「一天幾次」或「服藥時間」大大地圈起來，或將醫生交代的用法寫上去。

藥袋寫一天一次，是不是一定得早上服藥？

不一定喔！一天吃一次的藥物通常為長藥效，可以選在自己方便記憶或最需要藥效的時間點。（舉兩個例子：降血壓藥可在一天之中血壓最高點的前一小時服用；抗組織胺白天吃可能會想睡，可改在睡前服用。）

「一天兩次」一般為早、晚飯後，服藥間隔 8 小時以上。

「一天三次」就是三餐飯後。有些較嚴格的藥如抗生素，可能會寫「每 8 小時服用」，就得算好時間叫鬧鐘提醒。

忘記吃藥怎麼辦？

採用「間隔時間對半法」，若尚未超過兩次服藥時間的一半，可立即補服。若已超過間隔時間的一半，則不補服；或補服藥物後，跳過下一次服藥時間。

在正確時間點服藥，
才能讓藥物好好發揮，
達到最好的療效喔！

米八芭藥師
〈白袍藥師米八芭〉版主

[建議科別] 藥劑科

4 類常見的 藥物食物交互作用
(Drug-food interactions)

1. 柚子類

葡萄柚、柚子及文旦會抑制 CYP450 酵素

會大幅升高以下藥物的濃度：
降血脂、降血壓、抗心律不整、免疫抑制劑

吃完柚類需隔一天以上再吃藥較為安全

2. 咖啡因

咖啡、茶、巧克力

會增加支氣管擴張劑
作用，恐引發心悸

會降低安眠藥物效果

3. 抗凝血劑

會減弱藥效 （抗凝效果不足）：
富含維生素 K 的食物：
甘藍菜、菠菜、綠花椰、肝臟、綠茶等
高劑量維生素 C、輔酶 Q10

會加強藥效 （增加出血事件）：
蔓越莓、銀杏、大蒜、當歸、魚油、葡萄柚

不必禁吃這些食物，但務必酌量食用

4. MAOI 類抗憂鬱劑

會抑制腸道酪胺酸的代謝
食用富含酪胺酸食物可能引起惡性高血壓：
乳酪、蠶豆、酵母製品、紅酒

「不只藥物之間有交互作用，藥物食物之間也有交互作用！」

大部分的藥物和食物並不會互相影響，卻有少數組合會產生交互作用，令藥效增強或減弱，嚴重者甚至會危害生命。

吃什麼藥不能喝葡萄柚汁？
每到中秋節，一定會跳出許多衛教文章，其實不只葡萄柚汁，只要是柚子類，包括白柚、文旦或粽合果汁，都會抑制腸道及肝臟的 CYP450 代謝酵素，CYP450 負責分解一些藥物（降血脂藥、降血壓藥、抗心律不整藥、免疫抑制劑等），吃了柚子類，會令這些藥物分解減少、大幅升高藥效。不小心吃了柚子，需間隔一天以上再服藥會比較安全。

> 每到中秋節，又要寫一波衛教文案了……

> 今年有什麼梗呢？

> 嗯嗯好吃！

服用抗凝血劑需留意什麼食物？
心房顫動、深靜脈栓塞或有心臟金屬瓣膜的患者，常需使用抗凝血劑——可邁丁 Warfarin。抗凝血劑的作用為抑制維生素 K，若同時食用富含維生素 K 的食物，便會抵消藥效，令抗凝血效果不佳。另外有些食物會加強抗凝血劑的藥效，令出血機率增加。

家醫科 其他科 藥劑科

［建議科別］藥劑科

該知道的 **3** 大類 止痛藥物
(Pain killer)

1. 普拿疼

成分：乙醯胺酚

不具消炎效果
單純止痛退燒

不傷腎，不傷胃腸
過量恐有肝毒性
（每日安全劑量 4 顆）

2. 非類固醇
消炎藥

縮寫：NSAID

強力消炎效果
更能止痛退燒

較易引起過敏
腎臟受損
胃腸出血

高齡、慢性腎病者
尤其危險，要避免
脫水，短期服用～

搭配胃藥服用，
留意胃痛或黑便
等出血徵兆～

3. 鴉片類
止痛藥

不具消炎效果
僅能止痛，不能退燒

當心呼吸抑制
噁心便秘
會有成癮性

限由醫師
處方開立。

乙醯胺酚即「普拿疼」，過量恐傷肝，非類固醇消炎止痛藥NSAIDs，過量恐傷胃、傷腎，使用止痛藥物前別忘了先詢問藥師唷！

貓藥師
（陳家維藥師）

「分不清楚沒關係，要記住服用 NSAID 務必當心！」

止痛藥的使用一直是很重要的議題，許多成藥能自行在藥局購買，有人擔心副作用，忍痛不吃藥；有人卻過度依賴止痛藥，忽視了疼痛背後的嚴重問題，或因副作用傷害了身體。

1. 單純鎮痛退燒（普拿疼）
藥局能買到的止痛成藥大多含有此成分，以常見 500mg 的藥錠來說，每日 3-4 顆為安全劑量，服用過量恐造成肝毒性。

2. 非類固醇消炎藥（NSAID）
常用於醫療院所注射止痛藥，或開立在感冒藥包裡，副作用最強，若長期服用可能造成胃腸出血及腎功能損傷，引發過敏的機率也較高。能不用則不用，服用時建議多喝水及搭配胃藥。
即便是標榜不傷胃的新一代 NSAID（如希樂葆），雖然對腸胃道較無副作用，長期服用依然可能損害腎臟。

3. 鴉片類止痛藥（Opioid）
限醫生處方，需遵照醫師指示服用。

[建議科別] 藥劑科

家醫科 其他科 藥劑科

卡哇醫團隊成員

小米

性格火爆護理師
和影哥是一對歡喜冤家

影哥

認真討生活卻不太走運的司機
只要有輪子的交通工具都會駕駛

五官科
婦產科

關於 癢疹紅疹 該知道的 3 件事
(Prurigo / Skin rash)

1. 皮疹類型

濕疹：紅腫、脫皮或水泡、暗紅色素沉著
可分成急性、亞急性、慢性

痱子：天氣燥熱、衣物排汗不佳導致

接觸性皮膚炎：如碰水或清潔劑引起富貴手

藥物疹：藥物引起的丘疹，停藥會消退
常見抗生素、癲癇藥、降尿酸、NSAID

蕁麻疹：一片片獨立或融合的凸起癢疹
多為食物藥物或環境過敏原誘發

皮癬或汗斑：邊界明顯的紅疹或白疹
常伴隨脫屑

2. 收集資訊

疹子發作頻率
近期吃的食物或藥物
可能的環境過敏原

3. 保養＆治療

夏天透氣，冬天保溼
洗澡選用抗過敏沐浴乳

外用藥膏
口服藥物：抗組織胺或短期類固醇
雷射治療：疤痕或色素沉澱

「皮在癢嗎？通常不是重大疾病，但實在癢得難受！」

皮疹為何難診斷？

癢疹、紅疹成因百百種，同樣摸起來平平的紅疹，就可能是感染病毒後的疹子、藥物過敏疹或是接觸性皮膚炎。需要詳細的症狀詢問和身體檢查，才比較能下定論。很多疾病甚至需要觀察一段時間，等出現更多症狀才符合疾病診斷標準。

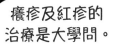

癢疹及紅疹的
治療是大學問。

若使用常備藥膏 3 天
仍不見改善甚至惡化，
一定要找醫師診察喔！

顏俊宇醫師
〈雙寶爸的小宇宙〉／
卓越皮膚科兒科聯合診所院長

如何照顧皮膚？

大方針為「夏天透氣、冬天保濕」。
皮膚發炎令人忍不住搔抓，會破壞角質層
的保水功能，塗抹乳液可以保護皮膚、
降低刺激感，每日抹乳液 2-3 次（特別是洗澡之後），可改善乾
癢症狀。

該如何治療皮疹？

一般會開立「口服抗組織胺藥物」或「外用類固醇」做初步止
癢。若 1-2 周不見起色，甚至越來越嚴重，有些是黴菌感染，需
要抗黴菌藥膏才有效；有些是慢性濕疹，除了擦藥還要搭配乳液
保濕。
有時要找找看環境過敏原，如灰塵、狗毛、貓毛、花粉等，或飲
食過敏原如堅果、蛋、牛奶、海鮮等。

五官科
婦產科

［建議科別］皮膚科

關於 掉髮 該知道的 3 件事
(Hair loss)

1. 遺傳性掉髮

由雄性荷爾蒙造成，俗稱雄性禿
男性較為明顯，但也是女性掉髮的主因

2. 其他原因

頭皮發炎：脂漏性皮膚炎、頭癬（黴菌感染），
需用類固醇或抗黴菌藥物治療

疾病引起：甲狀腺疾病、紅斑性狼瘡

損害髮根：染髮化學藥劑、燙髮溫度過高

營養不良：缺鐵性貧血、缺鋅或維生素 D

3. 治療選項

解決病因
避免抽菸及生活壓力
補充鐵、鋅、維生素 D
口服藥、外用藥、藥用生髮水

**毛囊有一定生命週期，每日正常掉髮量為 100 根上下
當掉髮量明顯增加，應盡早就醫，勿依賴偏方**

「無髮可管應盡早就醫！等到無髮無天再治就難了！」

什麼情況算是正常掉髮？

人的頭髮大約有 10-15 萬根，依據毛髮的正常生長週期，每天自行掉落 50-150 根頭髮屬正常情形。

如何察覺掉髮危機？

不會有人將頭髮一根根拿來數，所以除非是掉髮量突然大增，目測就能發現差異，否則很難察覺。等髮際線逐漸後退、頭髮蓋不住頭皮、或是頭髮抓起來不厚實，髮量已經減少 30% 以上了。

不准嘲笑我
老婆的頭髮！

哪些原因會造成掉髮？

不論男女，掉髮最常見的原因都是「遺傳性掉髮」，俗稱雄性禿，與雄性荷爾蒙有關，男性外觀上較明顯。

「休止期落髮」是身體遭逢巨大壓力，導致毛髮提早進入休止期而出現的廣泛性落髮，常見原因如生活壓力、不當減重、營養不良（尤其缺鋅或維生素 D）、重大疾病等。

有別於前二者的大範圍落髮，「局部型落髮」會一塊一塊地落髮，如圓形禿或鬼剃頭，引起的原因有頭皮皮膚炎、感染、自體免疫疾病等。

[建議科別] 皮膚科

五官科
婦產科

處理 燒燙傷 的沖脫泡蓋送原則
(Burn injury)

1. 燒燙傷來源	沸水、熱湯或熱油 火焰、熨斗或機車排氣管 強酸、強鹼、電擊
2. 沖／脫	沖：以流動冷水持續沖洗 > 15 分鐘 脫：衣物充分弄溼後，小心脫下或剪開 　　避免硬扯沾黏的皮膚或弄破水泡

3. 泡／蓋／送	泡：在冷水中浸泡 > 15 分鐘 　　可用沖水代表浸泡，降溫效果更好 　　年紀小或面積大，略過浸泡快送醫！ 蓋：布單或紗布冷水浸溼，覆蓋燙傷部位 　　不要塗抹藥膏或偏方 送：至有整形外科的醫院

「別在燙傷傷口塗牙膏！你應該這麼做……」

皮膚是抵抗外界刺激物及微生物入侵的天然屏障，預防體液的流失，並藉由出汗調節體溫。一旦皮膚失去屏障效果，不但容易被微生物入侵，也會流失水分造成脫水。

如何區分燙傷程度？

一度灼傷（只傷到表皮層）及淺二度灼傷（傷到較淺的顆粒真皮層），只要好好照顧傷口，日後都有很高的機會可以長出新生皮膚。深二度灼傷或三度灼傷，自行復原的機會不大，甚至需要清創手術移除壞死皮膚，再做植皮手術，才有機會康復。

燙傷第一時間該如何處置？

處理口訣「沖脫泡蓋送」，重點是盡快地降溫，用流動冷水沖洗的降溫效果大於浸泡，所以如果能持續沖水 20 - 30 分鐘，可略過浸泡步驟沒關係。

脫下衣物時，不要硬拉扯沾黏的皮膚，也不要弄破水泡。用冷開水將布單或紗布浸溼，覆蓋傷口再送醫，以持續降溫。不可塗抹藥膏、牙膏或任何偏方，讓醫生看清楚傷勢。

[建議科別] 整形外科

關於 藍光傷眼 該知道的 3 件事
(Harmful effects of blue light)

1. 何謂藍光

藍光屬於可見光，波長較短、能量較高
藍光照射量有累積效應

戶外陽光與 LED 燈的藍光，其實比 3C
強上數倍，只是我們不會長久直視

短波長
能量高

長波長
能量低

2. 3C 傷眼

太長時間使用 3C，或於昏暗中使用
容易造成視網膜主要感光部位發生病變

長時間滑手機也可能引起乾眼症及白內障

3. 護眼招數

20-20-20 法則：每注視 3C 產品 20 分鐘
休息 20 秒，注視 20 呎（約 6 公尺）以外

不在昏暗中使用 3C
不直視陽光，眼睛乾澀可點人工淚液

攝取葉黃素、蝦紅素、維生素 A、C、E
如紅蘿蔔、菠菜、綠花椰、堅果、藻類
攝取含 ω-3 脂肪酸的秋刀魚、鮭魚

抗藍光鏡片或保護貼人體效果未知

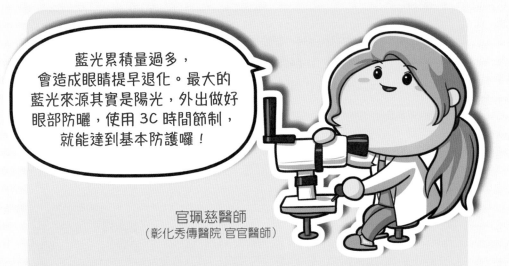

藍光累積量過多，
會造成眼睛提早退化。最大的
藍光來源其實是陽光，外出做好
眼部防曬，使用 3C 時間節制，
就能達到基本防護囉！

官珮慈醫師
（彰化秀傳醫院 官官醫師）

「藍光產品使用過多，會不會有青暝的危險？」

藍光照多了究竟會不會傷眼？

隨著手機世代來臨，人們使用 3C 產品的時間是過往的數倍。電子產品發出的藍光一直是很大的疑慮，本篇特別整理了幾個重要觀念：

1. 藍光就是可見光譜中波長較短但能量較高的區段。
2. 藍光有累積效應，照多了確實會產生傷害。
3. 藍光會造成黃斑部病變，也就是位於視網膜中心最重要的感光部位。
4. 戶外陽光與 LED 燈都有藍光，而且比 3C 產品更多，只是我們不會盯著它們猛瞧。
5. 正常使用 3C 產品並不會導致黃斑部病變，除非使用太長時間，或經常於昏暗中使用。
6. 抗藍光鏡片或保護貼，確實能降低藍光的量，但是否能減少黃斑部病變的機率？並沒有實際數據支持。

看完以上關於藍光的知識，大家心裡應該有個底了。但滑世代才剛開始呢，將來 VR 技術發展，元宇宙成形，人們用眼只會更多，保護靈魂之窗是必須重視的議題。

[建議科別] 眼科

五官科
婦產科

關於 過敏性鼻炎 該知道的 3 件事
(Allergic rhinitis)

因季節變換或接觸過敏原，引起鼻黏膜局部發炎
常見過敏原：塵蟎、灰塵、花粉、動物毛髮、黴菌

1. 症狀表現

接觸過敏原幾分鐘後發生
流鼻水、鼻塞或打噴嚏
眼睛癢、熊貓眼、喉嚨癢

影響睡眠及工作注意力
少有發燒、喉嚨痛、酸痛

空氣清淨機、除溼機
除蟎吸塵器、防蟎寢具

避免飼養貓狗、絨毛玩具
避免地毯、布窗簾
避免香菸、植物及香水

規律運動如游泳
寢具定期清洗和日曬

2. 預防之道

抗組織胺（新一代較無嗜睡之副作用）

血管收縮劑（可能影響睡眠，限短期使用）

類固醇口服藥或鼻噴劑

溫生理食鹽水沖洗鼻腔

手術治療（雷射、冷凍、電燒、下鼻甲手術）

減敏療法

3. 治療方式

「一日過敏，終身過敏！」

哪些過敏原容易引起過敏性鼻炎？
常見過敏原如塵蟎、灰塵、花粉、動物毛髮、細菌、病毒、黴菌、香菸等。另有一種類型為季節性過敏性鼻炎，好發於季節氣候變換之際。

過敏性鼻炎未即時處理會怎樣？
如果過敏性鼻炎症狀嚴重或反覆發作，拖得久了可能引起氣喘、鼻竇炎、中耳炎、結膜炎等併發症。

如何減少過敏原？
1. 寢具或窗簾定時清洗、日曬
2. 丟棄容易發黴的物品如舊書報、舊衣物
3. 減少養寵物或擺設盆栽
4. 空汙嚴重時關窗
5. 在家裡或過敏環境戴口罩
6. 使用除蟎吸塵器
7. 依坪數選用空氣清淨機

有些長輩以為
鼻子過敏不是病，
不需治療。

柚子醫師認為，
如果只是偶爾打個噴嚏，
不影響日常生活，
是可以跟疾病
和平共存。

但如果造成孩子鼻塞，
半夜睡不著影響學業成績與
日常生活，或是常常引起
鼻竇炎及中耳炎等併發症，
建議一定要接受治療。

陳木榮（柚子醫師）
柚子小兒科診所院長

[建議科別] 耳鼻喉科、小兒科

五官科
婦產科

關於 口腔衛生 該知道的 4 件事
(Oral hygiene)

1 . 口腔重要

細菌分解食物殘渣產生酸性物質造成蛀牙
形成牙菌斑及牙結石，造成牙周病

口腔出問題將併發疼痛、咀嚼不良
及口臭、營養不良等，影響生活品質

2 . 選擇牙刷

手動電動皆可

刷毛應選軟毛
不必太密或太長
變形分叉便需更換

3 . 刷牙 333

每天潔牙 3 次（三餐飯後）
飯後 3 分鐘內刷牙
每次刷牙 3 分鐘

用牙線或牙線棒清潔齒縫
擠牙膏米粒大小即可

貝氏刷牙法：
45 度角清潔每顆牙面
輕微畫圓並按摩牙齦
刷洗舌頭，最後漱口水漱口

3 . 刷牙 333

每半年洗牙檢查

幼童齒縫太大，可考慮溝隙封填*

12 歲以下兒童定時塗氟，成人有需要也可塗
牙膏含氟 1000ppm 以上

＊幼童的臼齒恆牙，在完整長出來的新牙初期，牙齒尚未被磨損蛀蝕前，運用一種牙科專用
的安全無毒樹脂材料，填平臼齒表面深淺不一的溝隙。

「牙痛不是病，痛起來要人命！更要命的是花錢重建！」

醫療不是廉價品，
貴不見得一定好，
但便宜一定沒好貨！

現在資訊發達，多打聽
做功課，做好口腔保健，
飯後刷牙使用牙線，定期檢查，
避免日後全口重建，
曠日費時又花大錢！

盾牌牙醫 史書華醫師

該在哪裡準備潔牙用具？

浴室、車上、工作場合，到處都都可準備潔牙四寶：牙線、牙刷、牙膏、漱口水，就算出門在外不方便刷牙，也要用牙線清潔牙縫加清水漱口。

什麼是「刷牙 333」？

刷牙時機：三餐飯後，三分鐘以內，每次刷牙三分鐘。

有個情況例外：剛吃完酸性食物（檸檬、奇異果）或碳酸飲料（可樂、汽水），需先用水漱口，稍等 30 分鐘再刷牙。因為酸性食物會軟化牙齒表面，此時刷牙容易造成刮痕。

如何選擇潔牙用具？

牙刷：選擇軟毛，觸感舒適為主，刷毛不必長，但要能刷到最後
　　　面牙的末端。有變形分叉或每三個月建議更換牙刷。

牙膏：每次米粒大小即可，選用含氟 1000ppm 以上，一般大廠
　　　牙膏都符合此標準。

牙線：比起牙線棒，有更佳的清潔效果。

[建議科別] 牙科、口腔外科

關於 傷口照護 該知道的 3 件事
(Wound care)

撕 沾溼舊紗布 小心撕下

看 觀察傷口 及分泌物

洗 用食鹽水 清洗傷口

消 用優碘或 2% Chlorhexidine 消毒

塗 抗生素藥膏 塗薄薄一層

蓋 用無菌紗布 覆蓋傷口

1. 換藥步驟

2. 注意事項	每日換藥 1-2 次，傷口潮溼就要再次換藥 若傷口變嚴重，就近找醫療院所幫忙 補充優質蛋白（豆魚蛋肉類及乳製品） 含維生素 C 的水果如柳丁、橘子 減少咖啡、菸、酒、茶等刺激物
3. 不利條件	年長、肥胖、營養不良、糖尿病、抽菸 傷口感染、藥物使用（如類固醇）

「一皮天下無難事，所以要把皮膚的傷口照顧好！」

皮膚有何重要性？
身為人體體積最大、重量最重的器官，皮膚除了感覺、保暖、留住水分等功用外，最大的用途是作為第一線物理屏障，隔阻細菌、病毒、過敏原等入侵。

有了傷口會怎樣？
年輕人的免疫力、體力、營養等條件都很好，傷口大概率可自行痊癒。然而年長者因各種條件下滑或有慢性疾病（糖尿病或周邊動脈阻塞疾病），一點小傷口就可能導致嚴重的後果，輕者組織感染（蜂窩性組織炎），重者全身性菌血症，如何正確照顧傷口是很重要的議題。

> 換藥前洗手
> 讓傷口不感染，換藥後
> 洗手讓病菌不傳播～
>
> 遵照指示照護傷口，
> 記得在換藥前後
> 都要洗手喲！

手術室小綠人 Apple

如何照護傷口？
準備滅菌紗布、棉棒、生理食鹽水、2% Chlorhexidine 或優碘、抗生素藥膏等。照護順序依「撕、看、洗、消、塗、蓋」六字訣，每日換藥 1-2 次，一般小傷口可獲得良好的照護。
若傷口較深、較髒，或分泌物變多變黃，務必至醫療院所求助，以免傷口惡化。

[建議科別]外科、皮膚科、整形外科

五官科
婦產科

關於 帶狀皰疹 該知道的 4 件事
(Herpes zoster)

1. 皮蛇介紹

沿特定神經分佈，常出現於單側軀幹

故名「帶狀」皰疹

致病原與水痘相同，為水痘帶狀皰疹病毒

好發年長者、免疫力低下、慢性疾病、癌症

2. 疾病進程

數日後長出
紅疹及水泡

結痂及
色素沉澱

突發單側
劇烈疼痛

3. 後遺症

皰疹後神經痛：水泡癒合後疼痛不減
持續長達數月甚至數年

結膜炎、角膜炎：可能導致失明

次發性細菌感染：會影響傷口癒合
保持傷口清潔，不要故意弄破水泡

4. 預防＆治療

預防之道：多休息、補充維生素 B12
帶狀皰疹疫苗（自費）

皮蛇在眼睛附近或會陰部需積極治療
急性疼痛：抗病毒藥物
皰疹後神經痛：神經痛口服藥、抗憂鬱劑

「看不到疼痛盡頭，皮蛇又有『百痛之王』稱號！」

帶狀皰疹是如何產生的？

帶狀皰疹俗稱「皮蛇」，由水痘帶狀皰疹病毒引起，在小朋友造成水痘，在成人造成帶狀皰疹。最常出現的位置是胸部和背部，其次是臉上三叉神經區域。

發病時，會沿著某一節或數節感覺神經分佈的區域，突發性劇烈疼痛，初時外觀可能沒有異常，常讓人誤以為是內臟疾病，看錯科別。

如何照護帶狀皰疹？

急性期要保持傷口清潔，不要弄破水泡，以免引起次發細菌感染，使用抗生素藥膏照顧傷口，切莫聽信偏方亂塗藥膏。

小時候得水痘痊癒後，水痘病毒不會消失，而是躲進背根神經節伺機而動。等免疫力下降就會趁機活化，形成帶狀皰疹。

除了規律作息及運動外，接種帶狀皰疹疫苗也是預防的不二法門！

吳其穎醫師
〈蒼藍鴿的醫學天地〉

帶狀皰疹有哪些嚴重的副作用？

若皮蛇發生在眼睛附近或會陰部，恐怕會影響視力或大小便，一定要積極治療。20-30％的患者，急性期過後會留下「皰疹後神經痛」，既便使用神經痛藥物也不一定能壓得下來！

[建議科別] 皮膚科、神經內科

婦產科　五官科

該認識的 4 類 避孕方式
(Contraception)

1. 體外射精法　　依賴個人技術
　（成功率 70%）　失敗率高

2. 計算安全期　　其實並不安全
　（80%）

3. 殺精劑　　　　性行為前置入陰道
　（90%）

4. 子宮內避孕器　約每 5 年
　（98%）　　　　置換一次

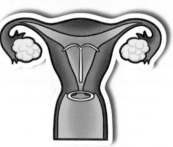

5. 子宮內避孕環　每月自行置入陰道
　（90%）

6. 避孕貼片　　　可能造成皮膚不適
　（95%）

7. 男 / 女保險套　擇一即可，副作用少
　（95%）

8. 口服避孕藥　　每日服藥，抑制排卵
　（99%）

9. 結紮　　　　　將輸精管或卵管切斷
　（100%）　　　可永久避孕但難以接回
　　　　　　　　男性結紮是體貼老婆的表現
　　　　　　　　女性一般在剖腹產時順便做

「這是一篇價值超過500萬元的文章，豈能不認真看？」

避孕為何重要？

因為若不成功，便會成「人」！養育一個孩子從出生到長大，一般得花上 500 萬元，還不包括時間成本和心力，育齡男女認真看待避孕，從經濟層面來說再划算不過。

當然，即便避孕失敗，也能服用事後丸或人工流產來補救，但傷財傷身不說，成功率也並非百分之百。

如何選擇避孕法？

9 種常見的避孕法當中，體外射精法和計算安全期法特別不建議，只有 7-8 成的成功率，相當於每發生兩次關係，成功率便只剩下五成，成功率如此之低，得有相當的心理準備才行。

成功率在九成以上的避孕方式，可依個人情況做選擇，但除了結紮以外，皆無法確保百分之百的成功率。

站在產科醫師的立場，避孕成功率越高的方法我越討厭！

但家庭計畫還是很重要啦！

蘇怡寧醫師

結紮手術怎麼做？

醫生會將男性輸精管或女性輸卵管截除，使精子和卵子沒有機會相遇。女性一般在剖腹產時順便做，結紮後立刻有避孕效果。而男性做結紮相對容易，但結紮後需要 10 次以上射精，才能將貯存的精子完全排出，之後就永久避孕。

[建議科別] 婦產科、泌尿科

婦產科　五官科

關於 不孕症 該知道的 3 件事
(Infertility)

1. 不孕定義　　沒有避孕，每周 2-3 次性行為
　　　　　　　　　經過一年仍無法懷孕

女性超過 35 歲，
已嘗試半年以上，
要及早尋求協助！

不孕症是雙方的
問題，不是只有
女生的問題喔！

2. 可能因素

女性因素 (30%)
高齡、排卵異常
子宮畸形、內膜粘連
子宮內膜異位症
輸卵管沾黏或阻塞

男性因素 (30%)
精子減少或活動力弱
輸精管缺損或阻塞
射精功能異常

雙方因素 (30%)
抗精蟲抗體
壓力大、抽煙
不良生活習慣

不明因素 (10%)

3. 治療方式

簡單療法：計算排卵期
用排卵藥物增加機率

人工受孕：洗滌精液
選活動力好的精蟲送入子宮

試管嬰兒：精卵行體外受精
再將胚胎植入子宮

「你得替送子鳥推開窗，牠才進得來啊！」

何時該看不孕症門診？
一般定義：夫妻沒有避孕，經過一年每周 2-3 次性行為仍無法懷孕，就是不孕症。但當今社會普遍晚婚，高齡也是懷孕的不利因素，所以就醫的時機應該要提早，若女性超過 35 歲，已嘗試半年以上就該尋求治療！

無法懷孕，女性的問題較大？
錯！男女雙方各佔 30％因素，雙方都有的因素也佔 30％，最後 10％為原因不明。不孕絕對不只是女方的問題，夫妻應該一起檢查，減少時間與金錢浪費。

不孕症是不是都得做試管嬰兒？
不孕的治療一般從「簡單療法」做起，接著嘗試「人工受孕」，最後才是「試管嬰兒」。試管嬰兒並不便宜，但自 2021 年起，衛生福利部已擴大補助不孕夫妻做試管嬰兒，讓許多民眾受惠。

如何找尋適合的不孕症專家？
查詢「國民健康署人工生殖機構許可名單」，選擇有認證的醫療院所，再參考網路評價和親友口碑。

［建議科別］不孕症科、生殖醫學

女性性功能障礙 該懂的 3 件事
(Female sexual dysfunction)

約 4 成女性有某種程度的性功能障礙，卻常難以開口

1. 不孕定義

性慾減退：最常見的類型，也稱「性冷感」
過程不興奮
高潮困難
性交疼痛

2. 三大原因

生理因素：
伴侶前戲不足
慢性疾病或藥物

心理因素：
焦慮或憂鬱、負面的性經驗
伴侶關係不佳，刻板社會觀念

荷爾蒙變化：
產後媽媽或更年期後婦女
陰道乾燥、組織變薄且喪失彈性
導致性交疼痛或高潮困難
越沒有性生活會越嚴重

3. 治療方式

和伴侶坦誠溝通
增加親密、降低焦慮
向專家諮詢
潤滑液、情趣道具
荷爾蒙藥物、陰道雷射

「妳有多久沒經歷令人滿意的性愛呢？」

有哪些女性性功能障礙？

「缺乏性趣」、「過程中感覺不到興奮」、「性交疼痛」、「高潮困難」等四者，合稱女性性功能障礙。

女性因性功能障礙就診的比率相當低，有時忍耐著做，反而導致越來越抗拒性行為，形成惡性循環。

個人性需求過高或過低不見得會成問題，但若與伴侶的需求明顯不成比例，卻容易成為婚姻的問題。

性生活不美滿，最常見產後乾澀和更年期後性交疼痛，可以用陰道雷射處理。

天生高潮困難，可以嘗試 G 點注射。陰道鬆弛能用緊實手術解決。鼓勵大家勇敢找性福喔！

閨密女醫 黃馨慧醫師

哪些因素會造成女性性功能障礙？

最常見的原因是「伴侶前戲不夠」，其次是「伴侶關係不佳」，其他還有性伴侶早洩、慢性疾病或藥物副作用等，但這些問題環環相扣，導致狀況越來越糟。

若女性陰道潤滑不足，每次性行為進行總感乾澀，造成疼痛，也影響伴侶的性致，可以用潤滑劑緩解，也可就醫尋求改善。

五官科
婦產科

[建議科別] 婦產科、私密門診

完

感謝名單

網紅專家醫師群：（按首字筆劃順序）

APPLE 護理師　　林子堯醫師　　陳欣湄醫師

小實醫師　　　　林氏璧醫師　　陳家維藥師

王姿允醫師　　　林彥安醫師　　黃馨慧醫師

王思恒醫師　　　林志豪醫師　　楊為傑醫師

王庭馨護理師　　林婷護理師　　楊智鈞醫師

史書華醫師　　　官珮慈醫師　　詹皓凱醫師

田知學醫師　　　邱艷慶醫師　　廖致翔醫師

白日雨醫師　　　侯鐘堡醫師　　蔡明劼醫師

白永嘉醫師　　　翁紹恩藥師　　戴大為醫師

米八芭藥師　　　高銘鴻醫師　　顏俊宇醫師

吳文傑醫師　　　張維文醫師　　魏智偉醫師

吳其穎醫師　　　陳木榮醫師　　鄭凱倫醫師

呂孟凡營養師　　陳百璽醫師　　蘇一峰醫師

巫漢盟醫師　　　陳志金醫師　　蘇怡寧醫師

杜柏村醫師　　　陳志恆諮商心理師

感謝協助：（按首字筆劃順序）

王智毅	林詩詠	張福成	葉人豪
余宜叡	林典佑	張維純	廖信閔
吳玉雲	林孟穎	許耘誌	潘珮瑜
吳瑞騰	林怡芸	許鴻隆	蔡忠紘
吳科賢	林哲光	郭立夫	蔡進相
呂宇席	林煜軒	郭書帆	蔡逸群
李侑潔	邱昶傑	陳建維	蔣欣穎
李彥璋	范綱維	程崇偉	鄭慧慈
杜承翰	范廣元	黃睦翔	盧政諱
周佳謙	孫健耀	黃聖德	蕭立偉
周林傳	徐慈謙	黃靖茹	蘇柏嵐

VU00174

健康快充卡哇醫

作　　者 —— 林于翔（阿毛醫師）

主　　編 —— 林潔欣

企劃主任 —— 王綾翊

設　　計 —— 江儀玲

第五編輯部總監 —— 梁芳春

董事長 —— 趙政岷

出版者 —— 時報文化出版企業股份有限公司

　　　　108019　臺北市和平西路 3 段 240 號 3 樓

　　　　發行專線 —— （02）2306-6842

　　　　讀者服務專線 —— 0800-231-705 · (02)2304-7103

　　　　讀者服務傳真 —— (02)2304-6858

　　　　郵撥 —— 19344724　時報文化出版公司

　　　　信箱 —— 10899 臺北華江橋郵局第 99 信箱

時報悅讀網 —— http://www.readingtimes.com.tw

法律顧問 —— 理律法律事務所 陳長文律師、李念祖律師

印　　刷 —— 勁達印刷股份有限公司

一版一刷 —— 2022 年 8 月 5 日

定　　價 —— 新臺幣 450 元

（缺頁或破損的書，請寄回更換）

健康快充卡哇醫 / 林于翔（阿毛醫師）
圖 . 文 . -- 一版 . -- 臺北市 : 時報文化
出版企業股份有限公司 , 2022.08
ISBN 978-626-335-634-4（平裝）
1.CST: 家庭醫學
429　　　　　　　　　111009501

時報文化出版公司成立於一九七五年，
並於一九九九年股票上櫃公開發行，於二〇〇八年脫離中時集團非屬旺中，
以「尊重智慧與創意的文化事業」為信念。

ISBN 978-626-335-634-4
Printed in Taiwan